AF533617

Torsten Seibt

# OFFROADER FÜR DIE EWIGKEIT

## Tests – Vergleiche – Kaufberatung

# IMPRESSUM

**Einbandgestaltung:** Luis dos Santos und Sven Rauert, unter Verwendung von Motiven aus dem Archiv der Hersteller und der Motorpresse, Stuttgart (A. Hartmann)

**Fotos:** Alle Abbildungen stammen, soweit nicht anders vermerkt, aus dem Archiv des Verfassers und dem Archiv der Motorpresse, Stuttgart. Weitere Bildquellen: Achim Hartmann (8-9, 37, 64, 80-81, 92, 93, 94, 98, 99, 127, 172-173); Hans-Dieter Seufert (35, 38, 80-81, 120, 122, 123, 126, 140, 143, 144, 146, 147, 148, 152, 153, 162); Audi (149, 151, 153); BMW (155-161); Ford (174-175); Mitsubishi (90, 93, 95, 96, 97, 99); Nissan (124-126, 142-143); shutterstock (172-173); Toyota (7, 12, 14-19); VW (164, 166-167,168, 170, 171).



**ISBN:** 978-3-613-04645-0



1. Auflage 2024

Sie finden uns im Internet unter www.motorbuch-verlag.de



**Lektorat:** Bernd Keidel
**Innengestaltung:** WS – Werbeservice Linke, Karlsruhe
**Druck und Bindung:** Graspo CZ, 76302 Zlin
Printed in Czech Republic

# Inhalt

Ranger

Jeep
F PR 7452

# Vorwort

Dieses Buch handelt von Geländewagen. Den richtigen.

Wer heute in die automobile Landschaft schaut, sieht allenthalben SUV. Beinahe die Hälfte der in Deutschland verkauften Neuwagen gehören bereits diesem Lager an. Und die haben in den allermeisten Fällen noch nicht einmal Allradantrieb. Früher war nicht alles besser, doch früher gab es ganz einfach nur zwei Kategorien: Geländewagen und den Rest. Ein Pkw Kombi war ein Pkw Kombi und kein SUV, nur weil der Hersteller Kunststoff-Verbreiterungen an die Radhäuser geklemmt hat. Mit seinem Offroader fuhr man im Alltag zur Arbeit, am Wochenende zum Spielen und im Urlaub über abenteuerliche Wege an entlegene Traumziele. In der heutigen Zeit klingt das ähnlich anrüchig wie ein dickes Steak in der veganen Wohngemeinschaft.

Wattiefe, Verschränkung, Bodenfreiheit: All das sind heute Begriffe von gestern, einst dagegen verlässliche Parameter zur Beurteilung kompetenter Geländegeräte. Für moderne SUV gilt es bereits als applauswürdige Aktion, einen Schotterweg zu überstehen, ohne dass Anbauteile verloren gehen.

Rückblickend war rund um die Jahrtausendwende herum das goldene Zeitalter der Offroader. Die Geländewagen hatten sich von den Urahnen emanzipiert, bei denen ruppige Blattfedern noch als normaler Standard und eine Klimaanlage als unerhörter Luxus galten. Hohe Alltagstauglichkeit, sparsame und zugleich kraftvolle Dieselmotoren sowie moderne Sicherheitssysteme legten den Grundstein für einen Boom, der den Automarkt nachhaltig umkrempelte.

Wer heute jedoch einen kompetenten Kraxler sucht, schaut bei den meisten Automarken ins Leere. Und bekommt von den letzten Herstellern echter Geländewagen Preise genannt, die sprachlos machen. Deshalb ist es Zeit, an die »Letzten ihrer Art« zu erinnern, mit denen noch alles möglich war: Autobahn-Fernfahrt und Stadtverkehr ebenso wie ein Abenteuer-Trip über die Ligurische Grenzkammstraße.

Grundlage für die Auswahl der Abenteurer in diesem Heft sind über zwei Jahrzehnte intensive Testarbeit bei renommierten deutschen Fachmagazinen. Darunter mehr als 40 »Supertests«, bei denen sich die Geländewagen einem sehr selekti-

HOCHKONZENTRIERT BEIM SUPERTEST IM MERCEDES-BENZ ML 350 CDI - MEHR DAZU LESEN SIE AB SEITE 108.

ven Extrem-Parcours stellen mussten, den längst nicht alle Kandidaten bestanden.

Wer heute also nach einem zuverlässigen und kompetenten Kumpel für alle Lebenslagen sucht, bekommt in diesem Werk eine vielfältige Auswahl an Anregungen. Und wer bereits einen solchen Alleskönner besitzt, findet hier ausreichend Gründe, diesem auch weiterhin die Treue zu halten.

Torsten Seibt, im Frühjahr 2024

LAND ROVER
MTK LR 314

# Mehr Gelände wagen

**Eine hervorragende Verschränkung, optimale elektronische Unterstützung oder doch lieber echte Handarbeit? Die Ansprüche an einen verlässlichen Offroad-Begleiter sind so unterschiedlich, wie das Angebot einmal war. Heute führt die Suche nach dem idealen Offroad-Mobil allzu oft in die Gebrauchtwagenspalten.**

## Brandneu, uralt und ewig ausverkauft

# Toyota Land Cruiser J7

**TOYOTA FEIERTE 2021 DEN 70. GEBURTSTAG DES LAND CRUISER. BESONDERS BELIEBT IST DER OFFROADER NACH WIE VOR IN AUSTRALIEN. DORT SIND DIE LIEFERZEITEN DERZEIT ENORM.**

Es ist eine beachtliche Zahl: Schon im Jahr 2019 hatte das japanische Allzweckfahrzeug die Marke von zehn Millionen verkauften Einheiten erreicht. Toyota feierte das sogar mit einer eigenen Jubiläums-Seite. Im Jahr 2021 stand ein runder Geburtstag an. Auf mehr als 70 Lebensjahre kann der legendäre Offroader nun also zurückblicken. Zum Jubeljahr gab es ein Sondermodell des J7 mit viel Pomp und Gloria. Doch werfen wir zunächst einmal einen Blick auf die Historie dieser legendären Baureihe.

Gleich zu Beginn muss man das mit den 70 Jahren etwas einschränken. Tatsächlich bekam der Urahn in Japan im Jahr 1951 erstmals Schotter unter die Räder (unter anderem mit einer spektakulären Erstbefahrung des Mount Fuji), doch damals führte der vierschrötige Offroader noch den Namen Toyota Jeep BJ. Entwickelt wurde er für die nach dem Zweiten Weltkrieg neu gegründeten japanischen Streitkräfte, die offiziell als Nationalgarde firmiert. Den Namen Land Cruiser erhielt der Geländewagen erst 1954, nachdem verständlicherweise die US-Marke Jeep nicht allzu begeistert von der Namensgleichheit war und Toyota ab 1955 mit dem Export des Land Cruiser auf den weltweiten Markt begann.

ZUM 60-JÄHRIGEN JUBILÄUM DER BAUREIHE VERSAMMELTE TOYOTA IN DEUTSCHLAND EINE BUNTE MISCHUNG AUS VIELEN JAHRZEHNTEN, VOM LEGENDÄREN J40 (GRÜN, MITTE) ÜBER DIE J7-BAUREIHE (MITTE HINTEN) BIS HIN ZUM 2009 EINGEFÜHRTEN J15 (VORNE RECHTS).

Begonnen hat alles mit diesem sehr vierschrötigen, ursprünglich noch Jeep BJ genannten Geländewagen.

1955 begann Toyota mit dem internationalen Export des Geländewagens, der hiess nun offiziell Land Cruiser.

Die zweite Landcruiser-Baureihe J20 brachte 1958 bereits das bis heute im J7 fortgeführte Styling.

### *Ein Name, drei Baureihen*

Auch das mit den zehn Millionen Exemplaren muss kurz erläutert werden, denn tatsächlich handelt es sich nicht um eine einzelne Baureihe wie etwa beim VW Golf. Stattdessen erwuchs aus dem ursprünglichen Land Cruiser eine komplette Fahrzeugfamilie, deren Modellcodes und Bezeichnungen durch die Jahrzehnte selbst Kenner der Marke vor Herausforderungen stellen. Als überschaubare Vereinfachung kann man sich auf die Toyota-eigene Einteilung beziehen, welche die Land Cruiser-Modelle in drei verschiedene Gruppen aufteilt: Heavy-Duty (das sind die harten Burschen, heute vertreten vom Land Cruiser J7), Light Duty (mittlere Baureihe für den Zivilmarkt, der bei uns aktuell verkaufte Land Cruiser 150 gehört dazu) sowie Station Wagon. Dies sind die Groß-Geräte, welche wiederum in speziellen »Nutzfahrzeug«-Varianten sowie für den Zivilmarkt mit besonders luxuriöser Ausstattung angeboten werden. Letzter Vertreter dieser Reihe in Deutschland war der Land Cruiser V8, der außerhalb der EU nach wie vor angeboten wird und jüngst erst in der sechsten Generation vorgestellt wurde.

Für Toyota ist der Land Cruiser nicht nur ein wichtiger wirtschaftlicher Faktor. Rund 400.000 verschiedene Land Cruiser-Modelle verkauft der Konzern aktuell im Jahr, auf 170 internationalen Märkten finden sich die Abnehmer. Der Land Cruiser trägt auch wesentlich zum Haltbarkeits-Image der Marke bei, denn mechanisch gelten speziell die Heavy-Duty-Geräte als unzerstörbar. Nicht zuletzt deshalb setzen professionelle Anwender von Hilfsorganisationen bis zu Safari-Park-Betreibern auf die japanische Marke. In Afrika und Asien ist es auch oft nur zweitrangig, dass die Rostvorsorge speziell der Heavy-Duty-Baureihe der mechanischen Robustheit sehr stark hinterherhinkt.

### *Jahrzehnte im Einsatz*

Ein interessanter Nebenaspekt ist die Beständigkeit der Technik. Obwohl Toyota dem Unternehmen in jüngerer Zeit in der Öffentlichkeit vor allem mit Hybridtechnik, Wasserstoffantrieb und dem Verzicht auf Dieselmotoren in Pkw den An-

strich eines schadstoffreduzierten Zukunftsunternehmens gibt, bleiben die hemdsärmeligen Antriebe der Land Cruiser-Baureihen zum Teil Jahrzehnte im Einsatz. Bestes Beispiel ist der Land Cruiser J7. Den stattet Toyota bis heute für Märkte, die weder Umweltzonen noch Feinstaubdiskussionen kennen, auf Wunsch mit dem 1HZ-Dieselmotor aus.

Dieser seit 31 (!) Jahren gebaute Saugdiesel mit sechs Zylindern, gemütlichen 129 PS und einem Hubraum von herrschaftlichen 4.164 Kubikzentimetern erreicht nicht selten siebenstellige Kilometer-Laufleistungen und gilt unter seinen Nutzern als ähnlich unkaputtbar wie der Rest des Autos. Weitere, sehr robuste Dieselmotoren wie die KD-Baureihe (2,5 und 3,0 Liter, Debüt im Jahr 2000, bei uns zuletzt im Toyota Hilux angeboten) und der 1VD-Diesel (4,5-Liter-V8, bis zu 272 PS, Debüt 2007) werden nach wie vor in Land Cruiser-Neufahrzeuge verbaut.

### *Sondermodell für Australien*

Um den Geburtstag im vergangenen Jahr gebührend zu feiern, legte Toyota eine Sonderserie des J7 auf, die allerdings für Australien reserviert war. Der wohl wichtigste Exportmarkt für dieses Modell – immerhin wurden dort über 1,1 Millionen Land Cruiser verkauft – bekommt insgesamt 600

Nach der Einführung der Light-Duty-Baureihe J9 blieb der J7 im Sortiment, hier als kurzer 85er Station Wagon.

Auf den J6 folgte der J8, der in Deutschland in erster Linie als HDJ80 bekannt wurde.

Parallel zum J9 lief der J7 mit zahllosen Aufbauformen weiter, hier ein 1985er Soft-Top.

Der J7 wird seit 1984 produziert. Er durchlief immer wieder leichte Facelifts, hier ein Modell aus 1993.

Der J8 war vor allem bei Käufern begehrt, die damit oft sehr schwere Anhänger bewegen wollten. Dennoch wurde dieser Klassiker 1998 durch den J10 beerbt.

Exemplare des »70th Anniversary LandCruiser« – 320 Doppelkabinen, 200 Einzelkabinen und 80 Kombis. Alle Versionen werden von einem 4,5-Liter-Turbodiesel-V8 angetrieben, der 151 kW/205 PS sowie ein maximales Drehmoment von 430 Nm vorzuweisen hat und mit einem Fünfgang-Schaltgetriebe gekoppelt ist

## Fazit

Beim Land Cruiser handelt es sich heute um eine komplette Baureihen-Familie mit drei verschiedenen Modellreihen. Auf 170 Märkten weltweit werden die robusten Geländewagen angeboten, rund 400.000 Land Cruiser verkauft Toyota im Jahr.

Der letzte in Deutschland verkaufte Luxus-Land Cruiser war der schlicht »Land Cruiser V8« getaufte Grosskreuzer.

Auch der von 2002 bis 2009 produzierte J12 war wieder in zwei Radständen verfügbar, wurde in Deutschland aber meist als langer Fünftürer gekauft.

Der J12 wurde 2002 als Nachfolger des J9 präsentiert. Er war in zwei Karosserievarianten als Drei- und als Fünftürer erhältlich. In Deutschland standen 4,0-Liter-V6-Ottomotor oder 3,0-Liter-Vierzylinder-Turbodieselmotoren zur Wahl.

2008 brachte Toyota den J20 als fünfte Generation des Land Cruisers auf dem Markt. In Deutschland trug das grossvolumige Flaggschiff die Verkaufsbezeichnung Land Cruiser V8.

Über 10 Millionen Land Cruiser hat Toyota inzwischen gebaut, und ein nicht unerheblicher Teil davon wie dieser J7 aus dem Oman, eingesetzt als Arbeitstier für lokale Fischer, fahren bis heute.

## Jeep Wrangler Unlimited 2.8 CRD 2012

# Wrangler reloaded

**Zum 70. Geburtstag des »Ur-Jeep« Willys kam der Jeep Wrangler unters Messer, doch dabei wurde behutsam vorgegangen. Mit dem 2012er Facelift bekam der Wrangler einen modernisierten Innenraum, mehr Ausstattungsoptionen und bei den für Europa wichtigen Diesel-Modellen ein Motoren-Update sowie ein neues Automatik-Getriebe. Im Supertest haben wir uns das Topmodell, den Jeep Wrangler 2.8 CRD Unlimited in der Sahara-Ausstattung zur Brust genommen.**

Mit dem Modelljahrgang 2012 ist es günstiger geworden, einen Wrangler zu fahren. Der kurze Einstiegs-Diesel in der kargen Sport-Ausstattung lag damals bei 29.550 Euro. Für den getesteten Jeep Wrangler Sahara als fünftüriger Unlimited wurden 35.950 Euro fällig.

Auf der Haben-Seite sind umfangreiche Komfort-Überarbeitungen zu vermelden. Dazu gehören versteckte Details wie die verbesserte Geräuschdämmung (Neudesign der Windschutzscheibe, mehr und bessere Dämmstoffe). Allerdings auch die auf den ersten Blick auffällige Renovierung des Innenraums. Der spröde Plastik-Charme des Vorgängers weicht einem gefälligeren und hochwertiger wirkenden Ambiente, das dennoch robust und abwaschbar bleibt.

Wichtigste technische Änderung ist die Euro-5-Umrüstung des 2.8-CRD-Vierzylinder-Dieselmotors, der es jetzt bei unverändertem Drehmoment auf 200 PS bringt. Bei der Gelegenheit wurde eine neue Fünfgang-Automatik angeflanscht, das beim Jeep Wrangler Unlimited Sahara serienmäßig ist.

## Jeep Wrangler 2012: Sparsamer, leiser, kräftiger

Bereits auf den ersten Metern wird der Fortschritt deutlich. Die Automatik reagiert beim Anfahren spontaner, der Wrangler setzt sich spürbar lebendiger in Bewegung als das Vorgängermodell. Das lässt sich auch an den Messwerten ablesen, sowohl bei der Beschleunigung als auch beim Durchzug hat der neue Jahrgang deutlich zugelegt, nimmt dem Vorgänger in jeder Disziplin einige Sekunden ab. Auch das Innengeräusch wurde stark gesenkt. Bis 100 km/h können sich die Passagiere ohne Geschrei verständigen, laut wird es erst auf der Autobahn, wenn der Fahrtwind gegen das Softtop des Unlimited donnert.

Dass der Motor nicht nur kräftiger, sondern auch sparsamer wurde, ist ein zusätzlicher Bonus. Im Test waren es mit 11,0 Liter im Durchschnitt 1,3 Liter weniger als beim Unlimited-Vorgängermodell, was allerdings auch zum Teil auf das Konto der effektiveren Automatik geht. Gemeinsam mit den neuen, bequemen und langstreckentauglichen Sitzen schafft das die besten Voraussetzungen für die lange Anfahrt zu unserem Supertest-Gelände in Horstwalde.

### Jeep Wrangler Unlimited 2.8 CRD 4x4 Sahara

| | |
|---|---|
| *Grundpreis* | 30.000 – 45.000 Euro |
| *Außenmaße* | 4751 x 1877 x 1800 mm |
| *Kofferraumvolumen* | 498 bis 935 l |
| *Hubraum / Motor* | 2777 cm³ / 4-Zylinder |
| *Leistung* | 147 kW / 200 PS bei 3600 U/min |
| *Höchstgeschwindigkeit* | 172 km/h |
| *Verbrauch* | 8,3 l/100 km |

Der komplette Innenraum wirkt wertig, ist gut verarbeitet und bleibt trotzdem robust und abwaschbar.

Schon mit aufgestellten Sitzen bietet der Wrangler Unlimited reichlich Raum fürs Urlaubsgepäck.

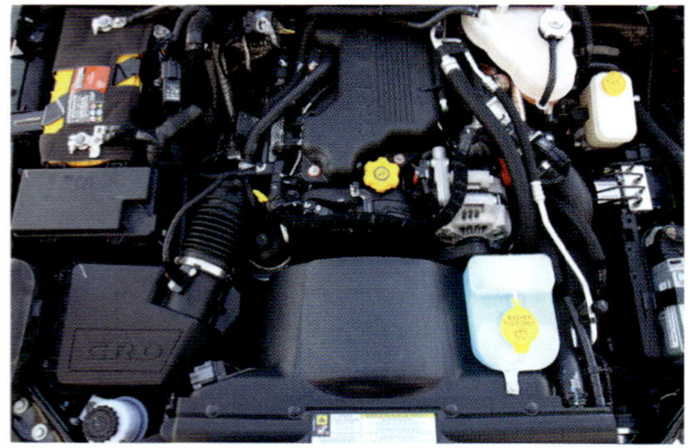

Optisch unverändert kommt der Vierzylinder-Diesel von VM jetzt auf 200 PS. Und wurde dennoch sparsamer.

Im Vergleich zu früher hat die Rostvorsorge sichtlich gewonnen, der Unterboden präsentiert sich makellos.

# Die Supertest-Wertungen

## Unterboden

Nicht unwichtig: die Rostvorsorge sieht 2012er erheblich besser aus als bei den Vorgängermodellen, alle verbauten Teile zeigen sich makellos. Vorne und hinten gibt es stabile Bergeösen. Das Automatikgetriebe baut nicht mehr so tief und ist über einem stabilen Querträger besser geschützt als bei den Vorgängern. Der Tank ist blechummantelt. Nichts ragt unterhalb des Rahmens heraus, auch die Auspuffführung ist gut gelöst. Ein kleines Schutzblech behütet das Verteilergetriebe, der Motor und seine Ölwanne zeigen sich bis auf die Plastikverkleidung ungeschützt.

## Verschränkung

Der lange Vorbau aus Kunststoff eckt nicht an, nur an einer Kuppe wird es unter dem Auto laut, als der Querträger leichten Bodenkontakt hat. Die Bauchfreiheit ist um Nuancen besser als beim Vorgängermodell. Die Verschränkung (290 mm) ist beeindruckend, allerdings verwindet sich die Karosserie sichtbar. Die Traktionskontrolle arbeitet bei den teils abhebenden Rädern gut und reaktionsschnell. Schnell ist auch das Stichwort für die Fortbewegung: der Wagen ist trotz Untersetzung und gesperrtem ersten Gang eine Spur zu flott unterwegs, teils muss er gebremst werden.

## Fahrwerk

Eine stimmige Vorstellung liefert der Jeep Wrangler Unlimited am Geröllhang ab. Gefühlvoll schreitet er nach unten, ohne dass die Räder den Bodenkontakt verlieren. Die neue Bergabfahrkontrolle arbeitet mustergültig, auch beim rückwärts rollen. Das Anfahren im Geröllhang stellt keine Herausforderung für das Fahrwerk dar, die Traktionskontrolle muss nicht eingreifen.

In seiner Ur-Version ähnelte der Land Cruiser dem Jeep nicht nur äusserlich, er war auch ähnlich vielseitig.

Der J4 (hier ein 68er Modell) übernahm ab 1960 den Style des Vorgängers, er wurde fast ein Vierteljahrhundert lang gebaut.

Auch vergrösserte Aufbauten waren bereits ab den späten 50er-Jahren zu haben.

Der J5, hier ein 78er-Modell, gilt als Begründer der luxuriösen Land Cruiser-Modelle wie dem 200.

1967 begann Toyota mit einer zweiten Baureihe, dem grösseren Station Wagon, der unter anderen mehr Fahrkomfort bieten sollte.

Der J4 prägte das Gesicht der Land Cruiser-Baureihe mehr als zwei Jahrzehnte von 1960 bis 1984, hier ein 1980er-Modell.

# WRANGLER RELOADED

## *Steigfähigkeit*

Zeit, die neue Elektronik auszuprobieren: Der 2012er Jahrgang des Jeep Wrangler Unlimited verfügt über eine Bergan- und -abfahrkontrolle. Erstere scheint bei einem Automatik-Geländewagen entbehrlich, sie arbeitet aber sehr effektiv. Bis zu drei Sekunden hält sie den Jeep auch in der steilsten Steigungsbahn ohne Zutun des Fahrers, bis der Gas gibt. Die Bergabfahrkontrolle meistert das steilste Stück mit 65-Prozent-Gefälle ebenfalls vorbildlich in Kriechgeschwindigkeit. Die Regelgeschwindigkeit wird dabei über den Schalthebel bestimmt: je höher der manuell eingelegte Gang ist, desto flotter macht sich der Wrangler bergab auf den Weg - gut gelöst! Die reine Motorbremse genügt für das 35-Prozent-Gefälle, bevor der Wrangler spürbar Fahrt aufnimmt. Bergauf bleibt er gänzlich unbeeindruckt, fährt die steilste Bahn in einem Stück oder auch mit mehrmaligem Anhalten in der Steigung unbeeindruckt hinauf. Die Elektronik bringt hier einen klaren Fortschritt gegenüber älteren Modellen.

## *Handling*

Trotz langem Radstand ist der Jeep Wrangler ein relativ handliches Auto, das sich beherzt bewegen lässt. Die Seitenneigung ist deutlich, aber nicht dramatisch. Gut gefällt die spürbar spontanere Kombination von neuem Motor und neuer Automatik, die mehr Power auf dem tiefen Boden bereitstellt. Weniger gut ist die Tatsache, dass das Getriebe auch im Handschaltmodus bei gesperrtem Fahrgang eigenständig hochschaltet. Die Lenkung könnte direkter ausfallen. Das ESP lässt sich komplett abschalten.

Jeep Wrangler Unlimited 2.8 CRD Sahara: Ein langer Name für einen langen Wrangler.

In der Verschränkungsprüfung kann der lange Wrangler den neumodischen SUV zeigen, wo der Hammer hängt - auch wenn sich die Karosserie sichtbar verwindet.

Dem Wrangler stehen 200 PS zur Verfügung, die sich dank der Automatik auch recht spontan abrufen lassen.

Gefühlsmässig sollte der Jeep Wrangler auch deutlich tiefere Furten bewältigen.

### Wat-Verhalten

Das Watverhalten des 2012er-Wranglers unterscheidet sich nicht von demjenigen der älteren Verwandtschaft. Das betrifft auch die Kunststoff-Verkleidung unter dem Motor, die wie beim Vorgänger in dieser Sektion das Weite sucht und sich ablöst. Die Lichtmaschine ist weit oben angebracht, die Luftansaugung liegt seitlich in Motorhaubenhöhe gut geschützt außerhalb des Schwallwasser-Bereichs. Mit den genehmigten 48 Zentimeter Wassertiefe reicht die Furt nicht an die Türkanten, innen bleibt deshalb alles trocken. Auch die Scheinwerfer halten dicht. Gefühlsmäßig dürfte der Wrangler auch deutlich tiefere Wasserdurchfahrten problemlos meistern.

### Übersichtlichkeit / Wendigkeit

Wendigkeit im engen Terrain ist keine Spezialität des Jeep Wrangler Unlimited mit seinem 2,95 Meter langen Radstand. Hier leidet er nicht nur unter der langen, schlecht einschätzbaren vorderen Plastiknase. Die Übersicht zu den Seiten und nach hinten ist ebenfalls nicht die allerbeste. Immerhin erlaubt die kantige Karosserieform, die hinteren Ecken besser einzuschätzen. Hinderlich ist der extrem stark verspannende Allrad, der selbst auf losem Untergrund spürbar rupft.

### Traktion

Im Tiefsand-Becken bringt der spontanere Antritt einen Rückschritt gegenüber dem behäbigeren Vorgänger, die Tendenz zum Eingraben hat zugenommen. In der Durchfahrtsprüfung schlägt sich der schwere Unlimited dagegen wacker und marschiert wuchtig durch den weichen Untergrund. Die eigenmächtig schaltende Automatik trübt das Bild, die rigide arbeitende Traktionskontrolle bremst bei heftigem Leistungseinsatz zu stark ab.

### ANTRIEBSSYSTEM

Dass nicht jede Neuerung ein Fortschritt ist, beweist der Wrangler am Sandhang: In dieser Sektion lassen sich unter anderem auch Rückschlüsse darauf ziehen, wie sich das Auto in tiefen, schweren Böden, beispielsweise bei einer extremen Schlammdurchfahrt, verhält. Und da bringt der 2012er klare Defizite im Vergleich zum Vorgänger. Das Anfahren im Sandhang war im Test nicht möglich. Der Grund dafür ist zum einen die drastische Leistungsentfaltung, zum anderen die neu abgestimmte Traktionskontrolle. Die nimmt durchdrehende Räder buchstäblich in die Zange.

Das fühlt sich beim Versuch, sich den Hang hinauf zu arbeiten an, als würde der Motor schier abgewürgt: dreht ein Rad durch (was in dieser Sektion unbedingt gewollt ist), wird es bis zum Stillstand abgebremst. Leider auch das gegenüberliegende, so dass der Motor mit voller Kraft gegen die Radbremsen anarbeiten muss. Das gelingt ihm nicht. Wie sehr sich der Wrangler hier schinden muss, zeigt auch das Getriebe: schon nach kurzer Zeit überhitzt es so stark, dass eine Warnmeldung samt eindringlichem Piepton vor der Weiterfahrt mahnt. Der einzige Ausweg wäre es, in solchen Situationen die Traktionskontrolle abschalten oder zumindest wie beim Terrain-Response-System von Land Rover mit einem höheren Schwellwert zu programmieren – doch das ist leider nicht möglich. Wenigstens gibt sich der Wrangler bei der Hangfahrt mit Anlauf keine Blöße, die bewältigt er problemlos.

Der Jeep Wrangler Unlimited hat einen ähnlich langen Radstand wie die bekannten japanischen Midsize-Pickups.

Innen wurde der Wrangler leiser: Bis 100 km/h können sich die Passagiere ohne Geschrei verständigen.

Mehr Komfort: Klimaautomatik mit besserer Bedienung, Sitzheizung, elektrisch verstellbare Aussenspiegel.

## Fazit

Im Alltag lief der Jeep Wrangler mit dem 2012er-Jahrgang zu bis dato unerreichter Form auf. Leiser, sparsamer, flotter und komfortabler ist er geworden. Off Road ist er nach wie vor ein echter Profi, der den neumodischen SUV zeigt, wo es lang geht. Die neue Bergabfahrkontrolle ist ein echter Gewinn im Gelände. Schade allerdings, dass die Abstimmung der Traktionskontrolle für einzelne Situationen deutlich verschlechtert wurde. Für dauerhafte extreme Einsätze lohnt es sich deshalb mehr denn je, stattdessen den Gelände-Profi Jeep Wrangler Rubicon mit dem kurzen Verteilergetriebe und den mechanischen Achssperren zu wählen.

## Ist er Offroad ein Hammer?

# Hummer H3 3.7

***Hummer ist die General Motors-Tochter fürs Grobe. Keine Frage also - der Hummer H3 sollte den Supertest mit links packen.***

Respektlos wird der H3 auch Baby-Hummer genannt. Klar, fürs Grobe hat Hummer ja noch den H1. Der ist die Zivilversion des 1985 als Jeep-Ersatz bei der US-Armee eingeführten HMMWV (High Mobility Multipurpose-Vehicle, kurz Humvee genannt). Wer ihn aufhalten will, muss ihn schon sprengen – oder ihm zumindest den Sprit klauen. Selbst das 2003 eingeführte SUV H2, einst populärer Streitwagen von Kaliforniens noch populärerem Ex-Gouvernator Arnold Schwarzenegger, ist eine ganze Nummer größer als der H3, der seit 2005 über die Pisten fegt. Na und? Im Straßen-Dschungel von Hamburg, Berlin oder München wirkt selbst der kleinste Hummer immer noch wie King Kong im Schimpansenkäfig. Kann er die weiße Frau vor all den anderen 4x4-Rowdies retten?

Onroad bietet der Baby-Hummer zwar eine heiße Show, muss sich aber Kalibern wie BMW X5 oder Mercedes ML-Klasse klar geschlagen geben: Der Hummer ist zu ungelenk, sein Motor wirkt überfordert, und nur beim Durst gibt er sich ungeniert als ganz Großer. Sobald aber der Bordstein höher wird als zwei übereinandergelegte Birkenstocksandalen, ist seine Stunde gekommen. Dann wetzen die eben noch beim Hakenschlagen auf Asphalt ziemlich haltlos wimmernden Goodyear-Gummis ihre Stollen und wispern was von Lust auf echte Herausforderungen jenseits glatt gebügelter Pisten.

FAMILIENTREFFEN: DER H3 GESELLT SICH ZU SEINEN VORGÄNGERN, DEM VON 1992 BIS 2006 GEBAUTEN H1 (LINKS) UND DESSEN SUKZESSOR, DEM 2003 EINGEFÜHRTEN H2 (RECHTS). DER H3 FOLGTE 2005, BEVOR SCHON 2010 DER VORERST LETZTE HUMMER VOM BAND LIEF. EIN VOLLELEKTRISCHER NACHFOLGER GING ERST 2021 ALS GMC HUMMER EV AN DEN START.

NACH GUTER OFFROADER-ART RUHT DIE KAROSSERIE AUF EINEM SEPARATEN LEITERRAHMEN.

## *OFFROAD - IST DAS HUMMERS REVIER?*

Das soll der H3 beim 4Wheel Fun-Supertest beweisen. Der robuste Amerikaner, als Exportmodell für Europa in Südafrika gebaut, fährt im Adventure (zu Deutsch: Abenteuer)-Trimm vor. Damit verbunden sind ein paar Besonderheiten, die ihn unter den Besten im Supertest weit nach vorn bringen könnten. Beispiel Allradantrieb: Der wird ohne Verrenkungen nur noch per Tastendruck befehligt und hält folgende Betriebsarten parat: 4High-Range Open für normalen Straßenbetrieb mit ungesperrtem Verteilergetriebe, 4High-Range Locked für die starre 50:50-Verteilung des Drehmoments auf Vorder- und Hinterräder on- wie offroad sowie 4Low-Range Locked. Letzteres ist das Spielprogramm zum Klettern und Kriechen mit niedrigem Tempo im Gelände. Soweit gilt das Angebot noch für alle H3-Varianten.

## *DER HUMMER H3 IST KEIN RAUBEIN*

Nur der Adventure hat darüber hinaus noch ein elektronisch voll zu sperrendes Hinterachsdifferential. Und nur er kann besonders langsam klettern, weil seine Geländeuntersetzung 4,03 : 1 und nicht 2,64 : 1 wie bei Basis-H3 und H3 Luxury beträgt. Außerdem sollen Federn und Dämpfer besser auf ein Gelände-Rodeo eingestimmt sein.

Dass er dennoch kein Raubein ist, beweist die übrige Ausstattung: Vor neugierigen Blicken durch die hintenrum dunkel getönten Scheiben geschützt, lümmeln sich bis zu fünf Passagiere auf Lederpolstern. Die sind bequem, geben aber nur wenig Halt - was bei langsamer Offroad-Tour nicht stört. Angenehm sanft grillt die serienmäßige Sitzheizung Fahrer und Copilot.

## Der Hummer schreckt vor nichts zurück

Nicht nur bei Kälte und Wind sollten enge Passagen vorab schon mal per pedes erkundet werden. Das ist notwendig, denn trotz großer Außenspiegel und einer recht kantigen Karosserie könnte sich im toten Winkel der fetten A-Säulen oder hinter dem Reserverad des H3 selbst Schwarzenegger verstecken. Kommt es indessen nicht so auf jeden freien Zentimeter an, ist sofort alles in Butter.

Egal, ob steinige Hänge, tiefer Sand oder anscheinend von Aliens verbogene Straßen – dieser Hummer schreckt vor nichts zurück. Ein Grund dafür ist das bereits beschriebene, sehr effiziente Allradsystem. Es bleibt frei von störenden Verspannungen – zumindest so lange, wie die Sperren in Verteilergetriebe und Hinterachse nicht aktiviert sind.

## Fahrdynamischen Heldentaten sollte man nicht erwarten

Die meiste übrige Technik fällt vergleichsweise simpel aus: Nach guter Offroader-Art ruht die Karosserie auf einem separaten Leiterrahmen. Das gibt ihm die nötige Steifigkeit, um beispielsweise auf der Verwindungsbahn nicht mit verklemmten Türen dazustehen. Oder die Starrachse hinten – die geht wahrscheinlich nie kaputt. Immerhin schafft der Hummer damit eine sehr ordentliche Verschränkung von 250 Millimetern bei 215 Millimeter Bodenfreiheit. Nicht von ungefähr wirkt der Unterbau wie ein alter Bekannter: Er stammt von den GM-Fullsize-Pickups. Klar hindert dieses Erbe den H3 bei steigender Geschwindigkeit an fahrdynamischen Heldentaten: Entweder schaukelt er wie ein betrunkener Seebär oder würgt sich auf fester Schotterpiste schon mal nach außen gebeugt über das Vorderrad durch die Kurven. Das ist offroad allerdings nicht ganz so wichtig.

Und der Motor? Kam dort besser klar als im Straßenbetrieb.

Der Fünfzylinder unseres Testfahrzeugs liefert 244 PS.

# Die Supertest-Wertungen

## Unterboden

Kritischer Blick untendrunter: Ist alles so gesichert und abgedeckt, dass beim Offroad-Abenteuer nichts kaputtgehen kann? Ja, besser als bei jedem anderen Auto bisher im Supertest. Das fängt schon beim vierteiligen Unterfahrschutz an: Die Front ist durch eine massive Alu-Platte mit H3-Prägung geschützt. Dann folgen ein Stahlblech unter Ölwanne und Vorderachse sowie Abdeckungen unter Verteilergetriebe und Tank. Sämtliche Bowdenzüge, Leitungen und der Auspuff sind innerhalb vom oder zumindest hoch und nah am Leiterrahmen verlegt. Die Schweller der Karosserie selbst liegen deutlich höher. Das ganze Paket funktioniert sehr wirkungsvoll – außer ein paar Farbabschürfungen sollte selbst dann nichts passieren, wenn man im Schneckentempo vorsichtig über einen Felsblock schmirgelt. Geht es dabei mal nicht weiter, glänzt der H3 mit riesigen Abschleppösen, an denen man ihn wohl auch mit einem Hubschrauber aus einem Schlamassel hieven könnte.

## Verschränkung

Alle Räder nahe den äußeren Karosserieecken platziert und damit nur kurze Überhänge zu haben, bringt schon mal hervorragende Böschungswinkel. Was Hummer zum Klettern empfiehlt, hier aber nicht notwendig wurde: Die Heckstoßstange ist mit wenigen Handgriffen abzuschrauben. Bodenfreiheit und Verschränkung sind nicht ganz so gut wie beispielsweise bei einem Range Rover oder Jeep Wrangler Rubicon. Das führt dazu, dass der H3 schon mal auf drei Rädern balanciert. Und: In genau diesen Passagen kann man den Hummer auch nicht einfach so laufen lassen. Er wäre selbst mit Geländereduktion zu schnell. Rahmen und aufgesetzte Karosserie wirken sehr stabil, Verspannungen sind nicht zu spüren.

## Fahrwerk

Rumpelnd nimmt der H3 den mit faust- bis fußballgroßen Felsbrocken gepflasterten Abhang. Erst rollt er die 35-prozentige Steigung hinab.

Wenn die Furt anschliessend maximal 61 Zentimeter unter Wasser steht, gelangt man im Hummer bei langsamer Fahrt (maximal 8 km/h) garantiert trockenen Fusses ans andere Ufer.

Auf die Gestaltung des Innenraums verwendeten die GM-Ingenieure eher wenig Energie. Schlicht und funktional präsentiert sich der H3 seinen Insassen – und dabei bereits doch etwas gefälliger als der H1.

Dabei kann es nicht schaden, ihm mit der Bremse zu helfen. Sicher käme der Hummer auch so herunter, aber wozu die Bandscheiben seiner Insassen mehr als notwendig malträtieren und sich womöglich an den zum Teil scharfkantigen Steinen noch die Reifen beschädigen. Eine Gefahr, die für die schicken Alus dank hoher Gummiflanken (75er-Querschnitt) aber genug bleibt. Klappt das Ganze auch aufwärts? Aber klar. Ohne Untersetzung und erst recht mit – und wieder gilt: nur so schnell wie nötig, nicht so schnell wie möglich. Gefühlvoll mit dem Fuß das Gas dosieren und die Drehzahl möglichst nicht unter 2.000 Touren fallen lassen, das ist die Aufgabe. Den Rest erledigt die Wandlerautomatik. Dass dabei hin und wieder mal die Traktionskontrolle kurz aufflackert, darf man getrost ignorieren – der H3 kriegt die Räder immer wieder von allein fest auf den Boden.

## Steigfähigkeit

Dort rauf und wieder runterzufahren, wo andere nicht mal zu Fuß hinkämen, ist schon eine prima Sache. Der Hummer H3 kann das – auch ohne die immer mehr in Mode kommenden elektronischen Ich-bremse-auch-am-Berg-Helfer. Den entscheidenden Beitrag dazu leistet die nur im Adventure-Trimm so knackig kurze Geländeuntersetzung von 4,03. Obwohl man sich auf der 65-Prozent-Steigung wie auf einer Abschussrampe ins All fühlt und nur noch in den Himmel starren kann, lässt der Hummer seinen Piloten ohne Hast vom Brems- aufs Gaspedal umsteigen – um ihn dann bei mittlerer Drehzahl mit dem jahrzehntealten Kleinpflaster gut verzahnt nach 32 adrenalingesättigten Metern auf dem Gipfel zurück in die Waagerechte zu kippen. Ähnlich einfach verläuft die Reise in umgekehrter Richtung: Fuß von den Pedalen, auf die Spur achten, den Rest erledigt die Motorbremse.

## Handling

So ein Ritt über die Lockersand-Strecke verrät mehr als 1.000 flotte Worte im Verkaufsprospekt. Punkt eins: Ja, im Hummer geht es voran. Ausgefahrene Spurrillen, tiefe Löcher, kleine Sprungkuppen – der bestens gefederte H3 knallt darüber, als würde sein Pilot für die nächste Rallye Dakar trainieren. Zweitens: Auf ein paar Fußbreit weiter links oder rechts darf es dabei aber nicht ankommen. Denn wenn der Kasten bei abgeschaltetem ESP erst mal in alle Richtungen ins Schwanken gerät, hilft nur ein alter Seemannstrick: immer den Horizont im Auge behalten und nicht nervös jedem Heckschwenk hinterherlenken. Sonst pariert man vielleicht zwar einen oder zwei Richtungswechsel, hat aber spätestens beim dritten einen Knoten in den Armen. Und noch was ist wichtig: Gas, Gas, Gas. Den Fünfzylinder immer schön singen lassen, sonst fällt er in ein Drehmomentloch, aus dem er nur mit neuem Anlauf wieder herausstürmen kann.

### Wat-Verhalten

Die Schneeschmelze oder das nächste Regen-Tief kann kommen. Wenn die Furt anschließend maximal 61 Zentimeter unter Wasser steht, gelangt man im Hummer bei langsamer Fahrt (maximal 8 km/h) garantiert trockenen Fußes ans andere Ufer. Ein Spitzenwert – selbst wenn der Land Rover Freelander sogar bei 70 Zentimetern noch nicht baden geht. Der Innenraum des H3 ist gut abgedichtet, da wird nix nass. Sein Auspuff ist so gelegt, dass er auch beim Rückwärtsfahren nicht gleich voll Wasser läuft. Der Motor selbst holt sich seine Luft zum Feuermachen aus einem ausreichend hoch platzierten Schnorchel im rechten Innenkotflügel. Die Elektronik ist spritzwassergeschützt gekapselt. Das gilt ebenso für die Nebelscheinwerfer im Stoßfänger.

### Übersichtlichkeit / Wendigkeit

Blinde Kuh heißt das Spiel: Millimetergenaues Herantasten an ein Hindernis klappt nicht ohne Einweiser. Beim H3 lässt sich nur nach vorn einigermaßen sicher ahnen, wo er endet. Ob jedoch die Kotflügelverbreiterungen über den Vorderrädern bereits an den Trialstangen schaben oder nicht, merkt man meist erst, wenn die Kugel schon fällt. Keine Angst aber vor teuren Kratzern, die Außenkanten der Radläufe sind aus geschwärztem Kunststoff und lassen sich mit Schuhcreme wieder schminken. Spiegel im Lkw-Format helfen trotz sehr flacher Fensterausschnitte, seitlich den Überblick zu behalten. Anders das Heck, bei dem das Reserverad schnell zum unfreiwilligen Prallpuffer wird. Gut dagegen: Der Wendekreisdurchmesser von 11,5 bis 12,0 Meter. Damit kommt der 4,78 Meter lange Hummer besser um die Ecken als beispielsweise ein BMW

Welch ein Spass, mit dem Hummer H3 beim Klettern und Wühlen so ziemlich alles plattzumachen, was sich ihm in den Weg stellt.

Der Tuner Büsching aus Sulingen bot den H3 sogar als Cabrio an – inklusive einer bereits bei niedriger Geschwindigkeit beachtlichen Geräuschkulisse bei geöffnetem Verdeck.

X5. Verspannungen im Antriebstrang spürt man kaum. Breiter machte sich bislang noch keiner: 1,99 Meter.

## Traktion

Beachboy Hummer: Einmal in Fahrt, surft der H3 mit seinen 265 Millimeter breiten Goodyear RT/S-Gummis ganz locker über den Sand. Und das trotz gut 2,2 Tonnen Leergewichts! Ist das Gelände einigermaßen eben, braucht man dazu nicht mal die Untersetzung. Der Motor muss allerdings drehen können, sonst geht ihm die Puste aus. Ebenfalls gut: Beim Anfahren beginnt er nicht gleich zu trampeln oder einseitig tiefe Löcher zu wühlen – auch ein Verdienst der ausgeglichenen Achslastverteilung. ESP und ASR sind abschaltbar.

## Antriebssystem

Keine Bange vor der nächsten Düne in Brandenburgs Wäldern. Mit entsprechendem Schwung und abgeschaltetem ESP geht es natürlich leichter, dann knabbert der H3 selbst ohne Untersetzung mit rund 2.500 Touren locker den Hang hoch. Das Allradsystem verteilt die Kraft fein dosiert zwischen Vorder- und Hinterrädern. Wird die Untersetzung eingelegt, schalten sich ESP und ASR automatisch ab, und der Hummer wühlt sich mit maximal 6.000 Touren seinen Weg. Beim schnellen Anfahren und Beschleunigen muss man sich jedoch auf etwas ruppige Gangwechsel einstellen, dann aber geht es im dritten Gang unaufhaltsam nach oben. In letzter Konsequenz lässt sich – nur beim Adventure möglich – auch das Hinterachsdifferential elektronisch sperren. Dann Fenster zu und Räder möglichst geradeaus, sonst fliegt einem der Sand richtig um die Ohren. Bei sehr griffigem Untergrund am Testtag schob sich der H3 selbst bei eigentlich zu langsamem Start noch Zentimeter um Zentimeter ins Ziel.

## Fazit

Ja, offroad ist Hummers Revier. Welch Spaß, mit dem H3 beim Klettern und Wühlen so ziemlich alles plattzumachen, was sich ihm in den Weg stellt. Selbst ohne das elektronische Superhirn mancher Konkurrenten, dafür mit sehr robuster

Klar, der Motor des Hummer H3 säuft wie eine Horde durstiger Cowboys, aber das tun andere auch.

Technik. Klar säuft sein Motor wie eine Horde durstiger Cowboys, aber das tun andere auch. Wer mit einem solchen Großkaliber auf die Pirsch geht, muss den Preis für die Patronen zahlen. Den Supertest besteht der Hummer H3 mit Bravour.

### Hummer H3 3.7 Allrad Adventure

| | |
|---|---|
| *Grundpreis* | ca. 30.000 Euro |
| *Außenmaße* | 4782 x 1989 x 1872 mm |
| *Kofferraumvolumen* | 835 bis 1614 l |
| *Hubraum / Motor* | 3653 cm³ / 5-Zylinder |
| *Leistung* | 180 kW / 244 PS bei 5600 U/min |
| *Höchstgeschwindigkeit* | 158 km/h |
| *0-100 km/h* | 11,7 s |
| *Verbrauch* | 14,5 l/100 km |
| *Testverbrauch* | 16,4 l/100 km |

Das Allradsystem verteilt die Kraft fein dosiert zwischen Vorder- und Hinterrädern. Wird die Untersetzung eingelegt, schalten sich ESP und ASR automatisch ab, und der Hummer wühlt sich mit maximal 6.000 Touren seinen Weg.

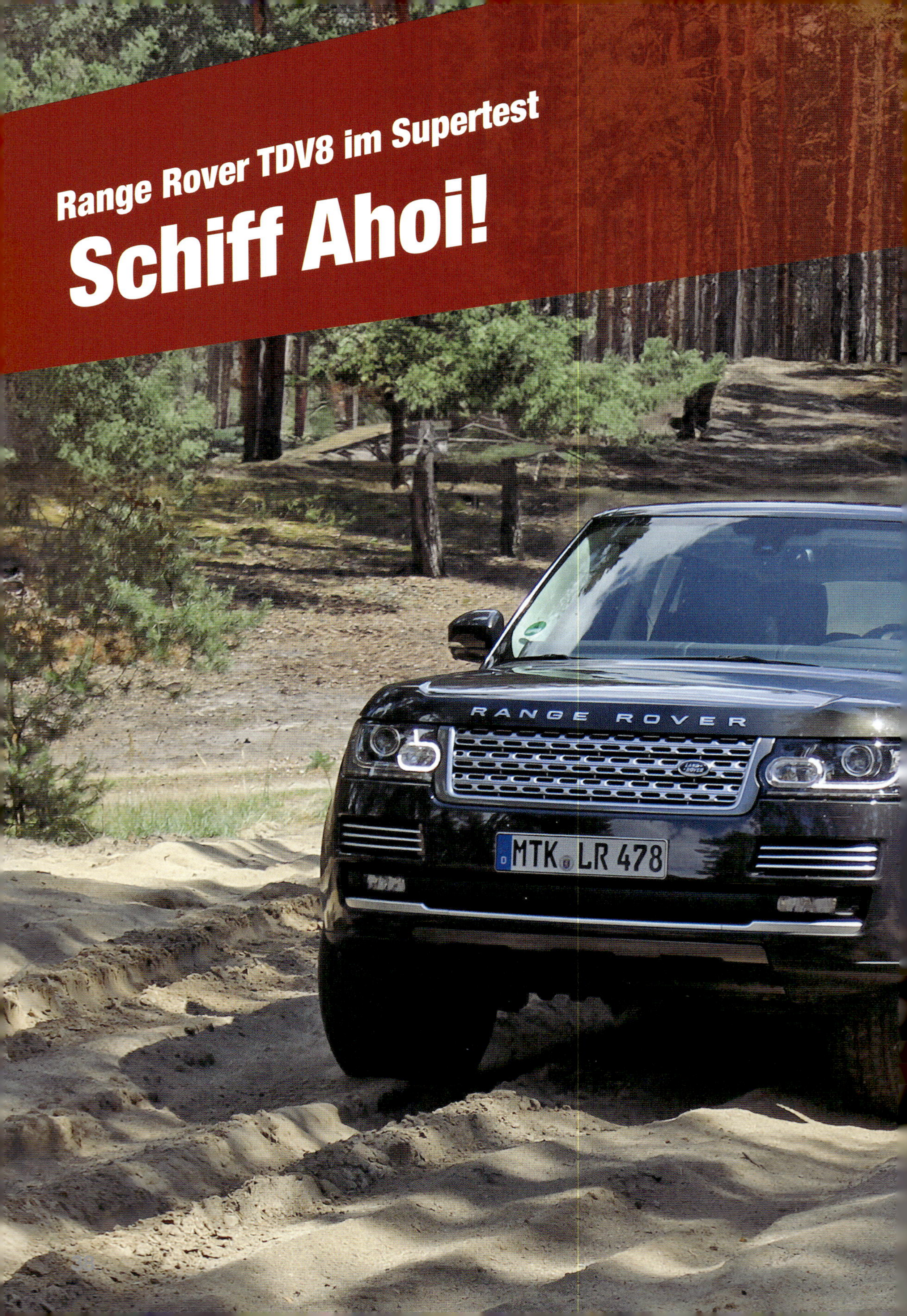


## Range Rover TDV8 im Supertest

# Schiff Ahoi!

**GLAUBT MAN DEM HERSTELLER, IST DER RANGE ROVER DAS BESTE AUTO DER WELT. WAS HAT DAS FLAGGSCHIFF IM GELÄNDE DRAUF? WIR KLÄREN ES IM SUPERTEST.**

Revolution, darin hat der Range Rover Erfahrung. Als er 1970 erstmals der Öffentlichkeit präsentiert wurde, staunte das Publikum nicht wenig. Die Kombination aus – für damalige Verhältnisse – schnellem Reisewagen mit hohem Komfort, gepaart mit außerordentlicher Geländetauglichkeit, war ein Novum auf dem Markt. Und auch Leichtmetall war bereits damals ein Thema: der 3,5-Liter-V8 bestand aus Aluminium-Legierung und wurde mit fortlaufender Aktualisierung unglaubliche 32 Jahre lang bis in die zweite Generation Range Rover verbaut.

## RANGE ROVER TDV8 MIT ALUMINIUM-KAROSSERIE

Heute ist Aluminium Grundkonzept der Neukonstruktion. Der Range Rover MKIV, den die Briten seit 2013 in Deutschland anbieten, besitzt eine Aluminium-Monocoque-Karosserie, auch Teile des Fahrwerks bestehen aus Leichtmetall. Der Grund für die aufwändige Produktionsweise ist simpel: der Range Rover musste abspecken. Bis zu 400 Kilo weniger versprechen die Briten. Den Beweis bleibt der Testwagen indes schuldig: Mit 2.647 Kilo ist der getestete Range Rover TDV8 nicht nur weit vom Prospektversprechen entfernt. Er ist auch gerade einmal zehn Kilo leichter als das Vorgängermodell im letzten Range Rover-Supertest. Zugute halten muss man dem neuen Range Rover TDV8 einzig, dass sein Ausstattungslevel nochmals deutlich über dem des Vorgängers liegt, also erheblich mehr Technik verbaut ist. Und größer wurde er auch.

UNBÄNDIGE POWER: DER TDV8 SCHIEBT UNBARMHERZIG AN. AUCH IM SANDBECKEN SETZT DER NEUE RANGE ROVER AUF SCHIERE GEWALT.

## ABSPECKEN NICHT GANZ GEGLÜCKT

Es ist also nicht nur optisch ein ziemlicher Brocken, mit dem wir uns auf den Weg ins Supertest-Gelände nach Horstwalde machen. Der fünf Meter lange und inklusive Spiegeln über 2,2 Meter breite Range Rover flutet auf der Anfahrt herrschaftlich über die Autobahn, verwöhnt die Besatzung mit erlesenem Komfort. Extrem leise im Innenraum, mit sanftmütigem Fahrwerk strebt er dem Horizont entgegen. Und lässt bei Bedarf auch einmal den Hammer fallen – Beschleunigung und Durchzug des 4,4 Liter großen V8-Turbodiesel sind selbst in diesem Großkreuzer eine Klasse für sich. Die wuselige Fahrdynamik eines modernen Straßen-SUV erreicht der neue Range Rover zwar weder bei der Lenkung noch beim Fahrwerk, doch im Vergleich zum Vorgänger ist das Potential für rasche Fortbewegung auf engen, kurvigen Straßen erheblich gestiegen.

## RANGE ROVER TDV8 – LUXUS-REISEWAGEN

Auf den 600 Kilometern Anfahrt zum Supertest-Gelände in Horstwalde bei Berlin gibt der neue Range Rover TDV8 genügend Gelegenheit, sein Naturell zu ergründen. Sanft durchgewalkt von den per Klimaanlage gekühlten Massagesitzen, macht der Testwagen doch durch ein paar Schrullen auf sich aufmerksam. So fallen die Bremsen bei Verzögerung aus hohem Tempo durch kräftiges Rubbeln auf, die (an sich ausgezeichnete) Soundanlage zickt ebenfalls mehrfach und lässt kurzfristig nur die Hochtöner quäken. Kinderkrankheiten oder nur ein Einzelfall? Die bisherigen Range Rover MKIV im Test waren diesbezüglich unauffällig.

Auffällig ist dagegen die Qualität des Multimedia-Systems. Die Bedienung über den Touchscreen ist nach kurzer Zeit verinnerlicht. Das ist nicht ganz unwichtig, denn die Sprachsteuerung der Einzelfunktionen für Soundanlage oder Navigationssystem zeigt sich im Vergleich zu anderen Herstellern relativ unflexibel. Schade, denn je nach Ausstattungslevel hat es die Anlage richtig drauf, bietet vom digitalen DAB-Radio über Anbindung jedweder externer Quellen bis hin zum Rücksitz-Entertainment-System perfekte Unterhaltung. Lediglich die Telefonbedienung per Sprachwahl funktioniert ausgezeichnet.

### Der neue Range Rover ist verhältnismäßig sparsam

Großes Lob gilt dagegen den Fortschritten beim Verbrauch: trotz stattlichem Leergewicht gelingt es, das Dickschiff bei verhaltener Fahrweise mit neun Liter Diesel 100 Kilometer weit zu bewegen. Im Alltag genügen dem Range Rover TDV8 bei normalem Einsatz 10-11 Liter, was in Verbindung mit dem 105-Liter-Tank der V8-Modelle für enorme Reichweiten bürgt. Um diese Werte ins rechte Licht zu rücken: aktuelle Vierzylinder-Diesel-Pickups brauchen nicht weniger, sind aber um Klassen langsamer und rustikaler unterwegs.

Doch nur schnell, komfortabel und sparsam ist natürlich im 4wheelfun-Supertest nicht gefragt, hier geht es schließlich um die Performance im Gelände. Und da soll der neue Range Rover MKIV ebenso daheim sein wie seine Vorgänger. Tatsächlich nimmt es wohl kein anderer Hersteller so ernst mit der Offroad-Performance seiner Fahrzeuge wie Land Rover. Die Quälereien bei Entwicklung und Erprobung sind legendär, mit entsprechendem Ergebnis – Land- und Range-Rover-Modelle sind seit jeher in ihren Klassen stets unter den besten, was die Geländetauglichkeit angeht – wir haben es im Supertest oft genug nachgewiesen.

Für den Fokus auf das Offroad-Verhalten gibt es auch eine klare Begründung: in einer Kundenbefrageung gaben mehr als 85 Prozent der Range Rover-Besitzer an, ihr Fahrzeug auch regelmäßig abseits der Straße einzusetzen. Ob sie das auch mit dem neuen Modell problemlos wagen können, klärt unser Supertest – die Ergebnisse finden Sie in den einzelnen Wertungskapiteln.

90 Zentimeter tief darf der neue Range Rover offiziell tauchen – und macht das ausgesprochen lässig. Nach dem Vollbad muss man allerdings erst einmal die Türen entwässern.

## Die Supertest-Wertungen

### Verschränkung

Ein Range Rover hat hervorragend zu verschränken – Punkt. Das schrieb man auch der vierten Generation ins Lastenheft. Und tatsächlich beherrscht auch der neue Range Rover diese Disziplin ausgezeichnet, wenngleich nicht ganz so gut wie das Vorgängermodell. 300 Millimeter diagonale Achsverschränkung sind dennoch ein Spitzenwert – und das mit Einzelradaufhängung! Grund dafür ist die Verbindung zwischen den Luftfedern, über die sich das ein- und ausfedern einer Starrachse „simulieren“ lässt. Der vordere Böschungswinkel fällt im Test schlechter aus als beim Vorgänger, auch bei der Bauchfreiheit ist mit der vierten Generation vorzeitig Schluss – die größte Welle in der Verschränkungsbahn, über die das Vorgängermodell gerade noch schlüpfen konnte, bleibt diesmal tabu. Auffällig: die Monocoque-Karosserie bleibt in der vollen Verwindung nicht frei von Eigenleben. Hörbar knarzt es in der Innenverkleidung, die elektrisch betätigte Heckklappe sperrt und geht nicht auf.

### Fahrwerk

An dieser Stelle ein paar Worte zur Reifenwahl: Die Hersteller wissen stets, wenn ein Testwagen beim 4Wheel-Fun-Supertest antreten muss und werden jeweils gebeten, das Testauto auf geländetaugliche A/T-Bereifung zu stellen. So auch Land Rover mit dem neuen Range Rover. Bekommen haben wir den Wagen allerdings mit Niederquerschnittsreifen Conti Cross Contact in 275/45 R 22. Das ist ähnlich sinnvoll wie Stöckelschuhe am Everest, entsprechend hatten die Gummis speziell bei hartem Untergrund wie der Verwindungsbahn oder auf dem Geröllhang heftig zu tun. Und entsprechend gibt es auch in dieser Sek-

### Unterboden

Prinzipiell sieht es nicht schlecht aus, was die Konstrukteure da entworfen haben. Der Unterboden zeigt sich auf den ersten Blick recht aufgeräumt. Beim näheren hinsehen offenbaren sich allerdings Schwächen. Die Abgasanlage ist trotz Unterbringung in der Wagenmitte tiefster Punkt unter dem Auto. Hydraulikleitungen und Kabel wirken teilweise etwas unmotiviert kreuz und quer verteilt, was bei hochstehenden Ästen im Fahrweg nicht ganz ungefährlich erscheint. Der Unterfahrschutz aus Leichtmetall zieht sich bis zum Getriebe und schirmt die teuren Eingeweide gut ab, unter dem Verteilergetriebe sorgt ein großer Bügel für zusätzlichen Schutz. Fehlanzeige allerdings in puncto ordentlicher Bergeösen – fährt sich ein Range Rover-Fahrer in der Meinung seiner Entwickler niemals fest?

tion Punktabzug für die etwas ruppig agierende Bergabfahrkontrolle und den mangelhaften Grip bergauf wie bergab – beides der für solche Gegebenheiten untauglichen Bereifung geschuldet. Die reine Fahrwerks-Performance an sich ist jedoch ausgezeichnet.

### Steigfähigkeit

Was für eine Wuchtbrumme! Unglaublich, wie lässig und unbeeindruckt der dicke V8-Diesel den schweren Range Rover selbst die ärgste Steigung hinauf zieht, als sei das Auto eine Seilbahn. Anhalten, anfahren, wieder anhalten – lässiger hat das bislang kein Auto im Supertest abgehakt, unterstützt auch von den perfekt agierenden automatischen Differentialsperren. Die Feststellbremse hält zuverlässig auch in 65% Steigung. Außerdem macht der Range Rover klar, dass er vom Erfinder der Hill Descent Control gebaut wird: die elektronische Bergabfahrkontrolle funktioniert so unauffällig, leise und ruckfrei wie in keinem anderen Geländewagen. Das ist allerdings auch gut so, denn mit reiner Motorbremse im ersten Gang/Untersetzung wird es bereits bei der 25-Prozent-Steigung zunehmend flott bei der Bergabfahrt.

### Handling

Hinterm Horizont geht´s weiter... Und mit kaum einem anderen Auto dürfte man, wenn Sandetappen auf dem Programm stehen, entspannter und vor allem schneller am Ziel sein. Der Achtzylinder fällt mit Urgewalt über die Tiefsandstrecke her, bolzt den schweren Range Rover in Rekordzeit auf unanständiges Tempo, ohne auch nur im Ansatz angestrengt zu wirken. Das deaktivierte ESP lauert auf all zu übermütige Fahrmanöver und greift dann bremsend ein. Es kann allerdings gegen die Macht der Maschine kaum etwas ausrichten: wer es mit dem Range Rover TDV8 im Sand wirklich fliegen lässt, sollte wissen, was er tut. Denn einmal im Drift bestimmt nur noch Gaspedal- und Lenkungsarbeit, wo die Reise hingeht. Eine überwältigende Vorstellung von Kraft und Traktion, bei gleichzeitig – für diese Fahrzeugklasse – ausgezeichneter Fahrdynamik.

# RANGE ROVER TDV8 IM SUPERTEST

## *Wat-Verhalten*

Mulmiges Gefühl beim Anblick des Pegelstandes: 90 Zentimeter Wattiefe verspricht Land Rover für den neuen Range, das ist ein Wert aus der Unimog-Liga. Und Rekord im 4Wheel Fun Supertest.

Doch die Durchfahrt gestaltet sich maximal unspektakulär, das Wasser reicht dem im Offroad-Modus hochgepumpten Range Rover noch nicht einmal bis zum Kühlergrill. Schicht wäre erst in Höhe der Motorhaube, wo Schnorchel in den Kotflügeln die Luft für den V8 ansaugen.
Kein Tröpfchen gelangt in den Innenraum, auch die jahrzehntelange Tradition vom vollgelaufenen Scheinwerfer hat der neue Range Rover abgelegt. Die Türen laufen allerdings hinter der ersten Türdichtung voll Wasser, das auch nach der Durchfahrt ein Weilchen braucht, um sich wieder einen Weg ins Freie zu suchen. So tropfte es noch eine Stunde später aus den Pforten. Gut zu wissen: Achs- und Getriebeentlüftungen sind ab Werk für Wasserdurchfahrten deutlich oberhalb des erlaubten 90-Zentimeter-Pegels hochgelegt. Alles in allem eine Gala-Vorstellung mit Premiere: volle Punktzahl.

## *Übersichtlichkeit / Wendigkeit*

Mit 223 Zentimeter von Spiegelkante zu Spiegelkante streckt der neue Range Rover seine Ohren noch etwas weiter raus als der Vorgänger. Für unseren Trialkurs nicht die besten Voraussetzungen, den er nur mit elektrisch eingefahrenen Außenspiegeln und damit ohne viel Rückblick gerade so durchmessen kann. Die insgesamt enorme Breite und die stattlichen fünf Meter Außenlänge machen es im engen Baumbestand nicht wirklich einfach, den Range Rover beulenfrei zu bewegen. Daran ändert auch der relativ überschaubere Wendekreis nichts. Gut bestellt ist es um die Übersicht zu den Seiten, während die Front Eingewöhnung und Schätzarbeit benötigt. Auch nach hinten könnte der Überblick besser sein. Toll ist es natürlich, in der Untersetzung sanft und millimetergenau rangieren zu können, weil die Verteilergetriebesperre automatisch nur

bei auftretendem Schlupf aktiviert wird. Dennoch klares Fazit: der Range Rover fühlt sich auf freiem Feld erheblich wohler, wirklich enges Geläuf sollte man ihm nur antun, wenn Dellendoktor und Lackierbetrieb in unmittelbarer Nachbarschaft liegen.

## *Traktion*

Angesichts der wenig sandtauglichen Bereifung des Testwagens ist es schlicht atemberaubend, mit welcher Macht sich der Range Rover bei der Traktionsprüfung in Szene setzt. Die Hill-Decent-Control schaltet er im „Sand"-Modus klugerweise gleich ganz ab und kümmert sich stattdessen mit geändertem Ansprechverhalten und aufmerksamer Traktionskontrolle nur um den Vorwärtsdrang. Unter Vollgas bäumt sich der Riese schier auf, wenn das Motormanagement das volle Drehmoment freigibt, und beschleunigt grimmiger

Massiver Achskörper aus Leichtmetall an der Hinterachse.

An der Vorderachse sieht es dagegen deutlich filigraner aus.

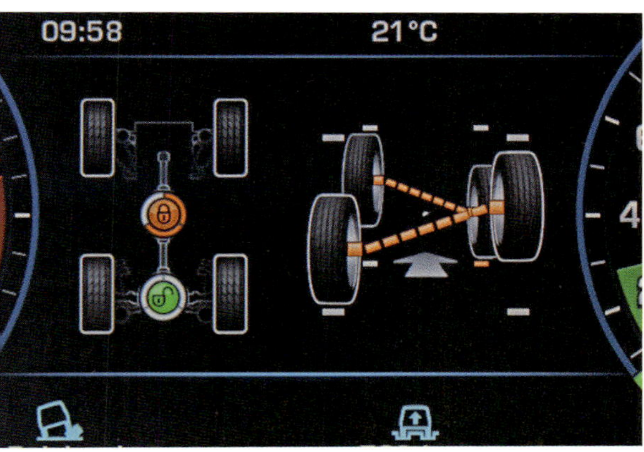


Das Auge fährt mit: Eindrucksvolle Grafik im Display bei voller Verschränkung.

Schlechte Wahl: Niederquerschnittsreifen in der Verschränkung – Schwerstarbeit für das bisschen Gummi.

Unterschied: Geländehöhe....

...und Zugangs-Level zum bequemen Einsteigen.

Am Hang kennt der neue Range Rover keine Gnade, mit Urgewalt entert er selbst die steilste Steigung. In der Steigungsbahn kann das neu überarbeitete Terrain Response System erstmals glänzen.

Mit 90 Zentimeter Wattiefe ist der Range Rover fast in Unimog-Gefilden unterwegs. Schicht wäre erst in Höhe der Motorhaube, wo Schnorchel in den Kotflügeln die Luft für den V8 ansaugen

durch das Tiefsand-Becken, als es andere Fahrzeuge auf Asphalt schaffen. Beeindruckend ist auch das spontane und sehr exakte Ansprechverhalten des Motors im Sand-Programm.

### Antriebssystem

Es ist ein gemischtes Bild, das der Range Rover im Tiefsandhang abgibt – mit dem sich auch die Verhältnisse einer tief verschlammten Passage simulieren lassen. Beim Anfahren gewinnt die Schwerkraft und es geht erst einmal abwärts für den dicken Brummer. Hier hängt das Fortkommen letztendlich nur davon ab, wie tragfähig der Untergrund ist. Liegt die sehr intelligent regelnde Traktionskontrolle mit den blitzschnell zugeschalteten Sperren vorn, gräbt sich der Range Rover unaufhaltsam durch. Problematisch wird es lediglich auf ganz tiefem Untergrund, wenn das Auto schneller auf dem Bodenblech liegt als die Elektronik regeln kann. Mit dem Schwung, den man im »echten Leben« ohnehin immer mitnehmen sollte, gibt es für den Luxus-Briten kaum ein Halten. Und selbst wenn die Grabungsarbeiten eine gefühlte Ewigkeit dauern, zeigen sich Motor und Getriebe thermisch unbeeindruckt – etliche andere Fahrzeuge mussten hier schon überhitzt den Notlauf verkünden.

### Fazit

Um Haaresbreite verpasst der neue Range Rover die Topwertung seines Vorgängers, der lange Zeit unsere Supertest-Hitliste anführte. Das spiegelt sich aber auch durchaus in den Einzeldisziplinen wieder. Als »Kletterziege« in schwerer Verschränkung war der frühere Range Rover etwas besser, dafür kann die neue Generation mit spürbar besserer Elektronikregelung der Geländeprogramme sowie unglaublicher Kraft und Spontanität überzeugen, wenn es ans Wühlen geht. Noch imposanter wird die tolle Vorstellung angesichts der fürs Gelände untauglichen Testwagenbereifung. Auch wenn der Supertest aus Vergleichsgründen absichtlich so ausgelegt ist, dass die Reifen eine möglichst kleine Rolle spielen – mit ordentlichen A/T-Reifen wäre die Performance noch besser. Gut allerdings für die stolzen Besitzer des neuen Range Rover. Sie wissen jetzt, dass der Gelände-König auch mit piekfeiner Ausgeh-Bereifung notfalls Luftlinie im Gelände ermöglicht.

### Range Rover 4.4 SDV8 Vogue

| | |
|---|---|
| *Grundpreis* | 45.000 – 50.000 Euro |
| *Außenmaße* | 4999 x 1983 x 1835 mm |
| *Kofferraumvolumen* | 909 bis 2030 l |
| *Hubraum / Motor* | 4367 cm³ / 8-Zylinder |
| *Leistung* | 250 kW / 340 PS bei 4000 U/min |
| *Höchstgeschwindigkeit* | 218 km/h |
| *0-100 km/h* | 7,0 s |
| *Verbrauch* | 8,7 l/100 km |
| *Testverbrauch* | 12,2 l/100 km |

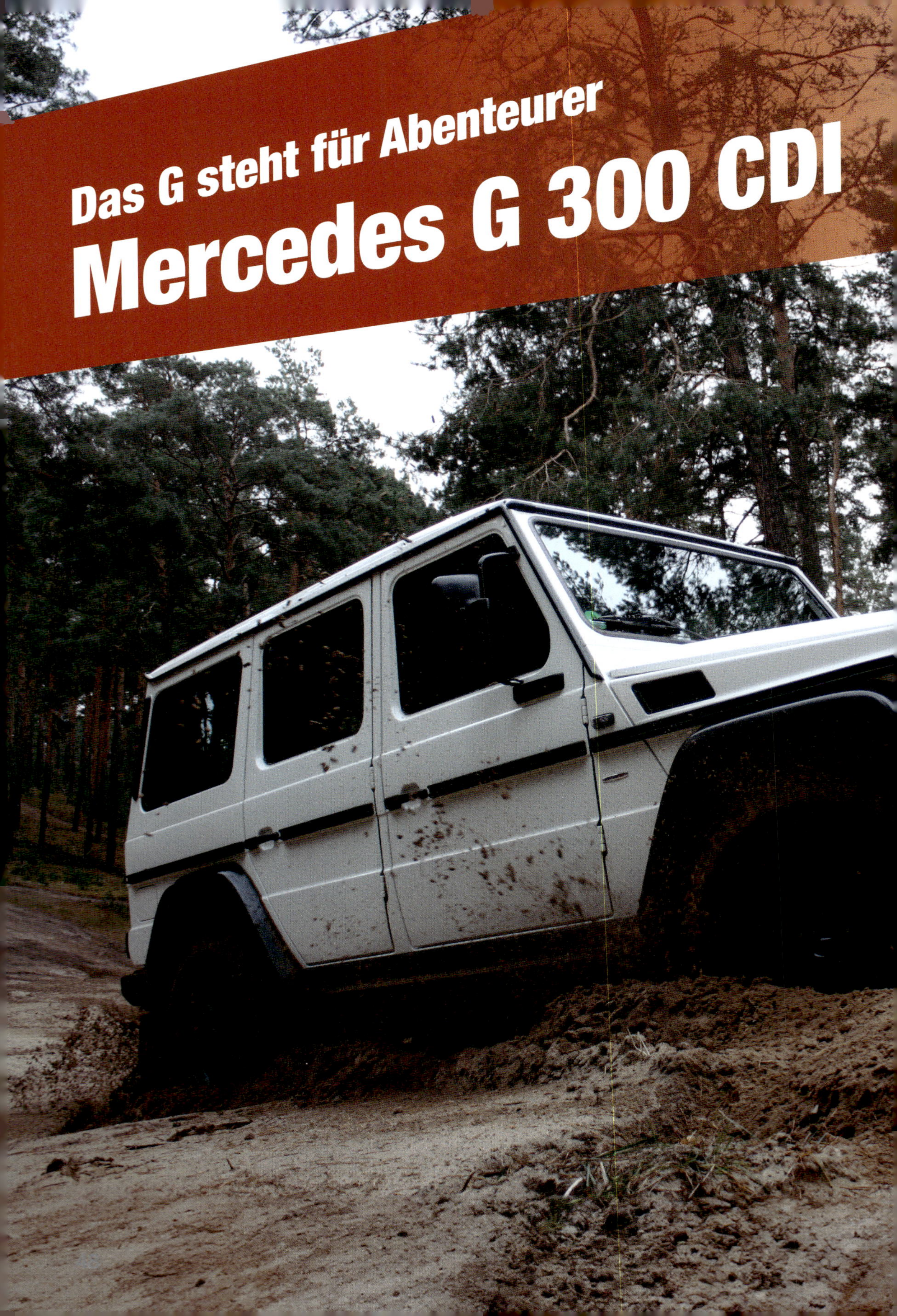
Das G steht für Abenteurer
Mercedes G 300 CDI

***Im Modellprogramm der G-Klasse nimmt der G Professional die Stellung des Hardcore-Geräts ein. Der hat das Zeug zum Weltenbummler. Im Supertest muss der G fürs Grobe beweisen, was in ihm steckt.***

45 Jahre und kein bisschen leise: Mit der Version G Professional feierte Mercedes einst das 30. Jubiläum des kantigen Kult-Allradlers. Dabei war der pure G auch damals schon nicht wirklich neu, handelte es sich doch um die zivile Variante der Nutzfahrzeug- und Militärbaureihe in der damals aktuellen Ausführung. Auch heute noch gilt: Was robust genug für den Armee-Einsatz ist, wird in Privathand kaum schwächeln.

## Der Mercedes G Professional basiert auf der Militärausführung

Die olivgrüne Herkunft des in unschuldigem weiß lackierten Testwagens offenbart sich spätestens nach dem traditionell schwerfälligen Aufwuchten der Fahrertür: Blankes Blech, Nato-Lichtschalter, Ablaufstöpsel im Bodenblech, 24-Volt-Steckdose, kunststoffbezogene Einzelsitze. Nach Pomp und Gloria sucht man im G Professional vergebens, allein das lederummantelte Airbag-Lenkrad sticht seltsam modern aus dem strengen Umfeld heraus.

## Kaum weniger Gewicht gegenüber dem G 350 CDI

Der Verzicht auf jeglichen höherwertigen Komfort schlägt sich gegenüber dem luxuriösen 463er-Modell erstaunlicherweise kaum im Gewicht nieder. Mit 2.450 kg gerade einmal 60 Kilo leichter als der mit dem gleichen Motor bestückte G 350 CDI – da zeigt sich einmal mehr, dass beim G vor allem die robuste Mechanik ordentlich

Da kein ESP verbaut ist, pfuscht dem Fahrer auch keine im Gelände störende Elektronik ins Handwerk. Besonders bei zackigen Richtungswechseln ist jedoch Geduld gefragt, bis die schwere Fuhre den Kurs wechselt.

wiegt. So fühlt sich das Auto auch an, jeder Handgriff bedarf des Nachdrucks. Vom Öffnen und Schließen der Türen über die Lenkung bis hin zur Bedienung von Lüftung oder Lichtschalter. Leichtgängig oder gar wackelig ist nichts an diesem Auto.

Dem feschen 463-Bruder hat der Professional-G etwas mehr Raum voraus. Die Einzelsitze hinten bringen den beiden Passagieren bequemere Unterkunft, der Verzicht auf die raumgreifenden Türverkleidungen mit all ihren elektrischen Bedienelementen sorgt für größere seitliche Bewegungsfreiheit. Gegenüber dem Mercedes G 350 CDI ist der baugleiche Dreiliter-V6-Diesel im G Professional gedrosselt. 400 statt 540 Newtonmeter, 184 statt 211 PS. Die Fahrleistungen sind entsprechend weniger dramatisch als in modernen Hochleistungs-SUV, allerdings aller Ehren wert: Nach 12,5 Sekunden fällt die 100 km/h-Marke, die Beschleunigung von 80 auf 120 km/h hakt der G Professional in 10,6 Sekunden ab. Bei 158 km/h wird sanft elektronisch abgeregelt, schneller muss man auf dem Weg nach Ouagadougou schließlich selten fahren. Die freiwillige Selbstkontrolle stellt sich auf Langstrecken ohnehin bereits bei weniger Tempo ein.

Durch den Verzicht auf jegliche Dämmung wird es bei hohen Geschwindigkeiten unangenehm laut im Gehäuse. Dafür ist die auf hohe Beladung ausgelegte Schwerlastfederung (bis zu eine Tonne Zuladung!) auch auf Langstrecken genießbar, lediglich Querfugen und ähnliche kurze Stöße im Straßenbelag lassen die Insassen freudig nicken. Bei gedrosseltem Tempo bleibt außerdem der Durst des Triebwerks erträglich, dann lässt sich der G mit 13 Liter bewegen. Allerdings sind, da bleibt auch dieser Mercedes unter den Geländewagen der Tradition treu, 20 Liter Verbrauch ebenso alltäglich, wenn man es eilig hat.

# Die Supertest-Wertungen

## Unterboden

Die Abgasanlage schlängelt sich kunstvoll von rechts nach links über den Rahmen, auf der Beifahrerseite ragt sie unter dem Schweller hervor. Ansonsten sind sämtliche relevanten Teile vom Getriebe bis zu einzelnen Steuerleitungen gut geschützt innerhalb der beiden Rahmenlängsträger befestigt. Ein wirklich stabiler Metallschutz behütet Motor und Ölwanne vor gefährlichen Blessuren, der Tank ist ebenfalls in ein Schutzblech gehüllt. Zwei rahmenfeste, massive Schleppösen hinten, das große Schleppmaul in der vorderen Stoßstange – der G-Fahrer ist gerüstet für alle Bergeaktionen.

## Verschränkung

Wegen der zwei Achsstabilisatoren und der verbauten Schwerlastfedern ist die Verschränkung wenig berauschend. Gerade einmal 190 Millimeter maßen wir, für einen waschechten Offroader mit zwei Starrachsen eher mäßig. Dafür sind die drei Sperren Garantie dafür, dass es auch mit zwei Rädern in der Luft problemlos weitergeht. Der G hebt bereits in der ersten Bahn zeitweise ein Bein, im zweiten Teil der Wertungsstrecke um so öfter. Beeindruckend: Ohne die Trittbretter des 463ers ist der Rampenwinkel ausgezeichnet, selbst die Schlüsselstelle mit der steilsten Kuppe wird bewältigt. Der Aufbau ist extrem stabil, selbst in voller Verschränkung öffnen und schließen alle Türen tadellos.

## Fahrwerk

Das steifbeinige Fahrwerk liefert im Geröllhang keine Glanzleistung ab. Immer wieder verliert ein Rad den Bodenkontakt, der G überbremst im gesperrten ersten Gang, kommt ins rutschen. Bei der Bergauffahrt muss mittig und hinten gesperrt werden, weil die hüpfenden Räder sonst wechselseitig durchdrehen. Das leicht unwillige Federverhalten merkt man auch im Fahrzeug, da kommt man ordentlich in Bewegung beim hin- und herschaukeln.

### Steigfähigkeit

Die Fünfstufen-Automatik und der gedrosselte Motor sorgen für eine bessere Dosierbarkeit am Hang als beim starken G 350 CDI mit der Siebengang-Automatik. Der G Professional reagiert damit weniger bissig auf den Gaspedal-Befehl, wodurch die Darbietung in den Steigungsbahnen deutlich souveräner wird. Ohne Radschlupf fährt er auch in der steilsten Steigung an. Die Feststellbremse hält selbst bei 65% Steigung zuverlässig. Die Bergabfahrt nur mit Motorbremse im gesperrten ersten Gang ist ebenfalls eine Gala-Vorstellung. Selbst auf der steilsten Bahn könnte das Motorbremsmoment eventuell knapp reichen, wenn die Reifen genügend Grip hätten. Die BF Goodrich A/T auf dem Testwagen verlieren allerdings bei 65% durch überbremsen die Haftung

und der schwere G kommt ins rutschen. Deshalb muss mit der Fußbremse nachgeholfen werden.

### Handling

Mit einer gefühlten Gedenksekunde muss man leben. Ob es der reichlich schwergängige Dreh am Lenkrad oder die Umsetzung eines Gaspedal-Auftrags ist, der G Professional nimmt sich Zeit um zu reagieren. Besonders bei zackigen Richtungswechseln ist Geduld gefragt, bis die schwere Fuhre den Kurs wechselt. Kraft ist reichlich vorhanden, die Untersetzung ist unnötig. Praktisch dagegen, dass mit dem Einlegen der Zentralsperre auch das ABS abgeschaltet wird und entsprechend kurze Bremswege im Sand möglich sind. Da kein ESP verbaut ist, pfuscht dem Fahrer auch keine im Gelände störende Elektronik ins Handwerk.

### Wat-Verhalten

Zehn Zentimeter mehr als beim zivilen Bruder: Mit den genehmigten 60 cm Wattiefe hat der G Professional keinerlei Probleme. Das Wasser reicht ihm zwar zu den Türkanten, die bleiben jedoch mustergültig dicht. Über Nebenaggregate (der Riementrieb reicht bis zur Stoßstangen-Unterkante) wird allerdings Wasser in den voll gepackten Motorraum geschaufelt. Die Luftansaugung an der Kotflügelseite wird inzwischen mit

Von aussen ist der G 300 CDI Professional an der Scheinwerferverkleidung des Ur-G zu erkennen. Ein Hauch von Nostalgie fährt also mit.

Mit den genehmigten 60 cm Wattiefe hat der G keinerlei Probleme. Das sind immerhin zehn Zentimeter mehr als beim zivilen Bruder – Scheinwerfer und Rückleuchten bleiben dicht.

Die Abmessungen sind nahezu identisch zum 463er-G, bis hin zu den Kotflügelverbreiterungen. Und obwohl die Aussenspiegel am Doppelbügel ziemlich gross wirken, ist der G damit nicht breiter.

Das grösste Handicap des G Professional ist sein hohes Gewicht. Bei komplett ausgereizter Zuladung sind ganze 3,5 Tonnen zu bewegen. Dabei ist der G selbst unbeladen ein schwerer Brocken.

einem serienmäßigen Schnorchel höhergelegt, beim Testwagen war dieser noch nicht montiert. Scheinwerfer und Rückleuchten bleiben dicht. Lediglich die nachgerüsteten Nebelscheinwerfer im 70er-Jahre-Look laufen voll, anschließend aber beinahe ebenso flott wieder leer.

### Übersichtlichkeit / Wendigkeit

Die Abmessungen sind nahezu identisch zum 463er-G, bis hin zu den Kotflügelverbreiterungen. Obwohl die Außenspiegel am Doppelbügel ziemlich groß wirken, ist der G damit nicht breiter – 198 Zentimeter von einer Spiegelkante zur anderen. In der Fahrzeuglänge bleibt der Viersitzer deutlich hinter aktuellen Groß-SUV zurück. Der Wendekreis, bedingt durch Starrachsen und Längslenker, fällt dagegen relativ üppig aus. Durch die strenge Kastenform lässt sich der G extrem gut einschätzen, wenn man kurz mit ihm geübt hat, zentimetergenau lässt er sich an Hindernisse heran rangieren.

Der Überblick nach hinten, limitiert durch das kleine, zusätzlich vom Ersatzrad verdunkelte Heckfenster könnte aber besser sein. Eine feine Sache ist die ungesperrt benutzbare Untersetzung, etwas unkommod beim rangieren wirkt die schwergängige Lenkung.

### Traktion

Sein größtes Handicap ist das hohe Gewicht. Bei komplett ausgereizter Zuladung sind 3,5 Tonnen zu bewegen, selbst unbeladen ist der G ein schwerer Brocken. Daran ändert die spartanische Ausstattung des G Professional nur wenig. Deshalb ist er bei tiefen Böden dringend auf seine Sperren angewiesen, sonst geht es nur in eine Richtung: abwärts. Die Durchfahrt des Tiefsandbeckens gelingt passabel, allerdings begleitet von einer wenig spontanen Lenkung. Der Kurs sollte vorab gewählt werden, wenn erst einmal Fahrt aufgenommen wurde, geht es stur geradeaus.

# DAS G STEHT FÜR ABENTEURER

## *Antriebssystem*

Permanenter Allrad, drei Sperren, Automatikgetriebe – die Technik ist für schwerstes Gelände wie geschaffen. Speziell die Differenrtialsperren sind auch nötig im Sandhang, und zwar alle. Erst wenn beide Achsen gesperrt sind, gelingt es dem Mercedes, sich aus dem Stand den Hang hinaufzuackern. Zunächst im Schneckentempo, dann mit immer mehr Fahrt. Auffällig: Die Tendenz zum Trampeln unter Volllast ist zwar ebenfalls da, aber längst nicht so heftig wie beim stärkeren 463er G-Modell. Der Leistungseinsatz des gedrosselten Dreilitermotors ist außerdem sanfter. Nach dem dritten Durchlauf wechselt der G allerdings - vermutlich wegen Hitzeproblemen - in den Notlauf und gibt nicht mehr die volle Leistung frei. Erst nach einer entsprechenden Abkühlphase funktioniert er wieder problemlos.

Der Verzicht auf jeglichen höherwertigen Komfort schlägt sich gegenüber dem luxuriösen 463er-Modell erstaunlicherweise kaum beim Gewicht nieder. Und auch nicht in der Geschwindigkeit: Bei 158 km/h wird sanft elektronisch abgeregelt.

## *Mercedes G 300 CDI Professional*

| | |
|---|---|
| *Grundpreis* | ca. 70.000 Euro |
| *Außenmaße* | 4212 x 1760 x 1931 mm |
| *Kofferraumvolumen* | 250 bis 1580 l |
| *Hubraum / Motor* | 2987 cm³ / 6-Zylinder V-Motor |
| *Leistung* | 165 kW / 224 PS bei 3800 U/min |
| *Höchstgeschwindigkeit* | 177 km/h |
| *0-100 km/h* | 8,8 s |
| *Tankvolumen / Reichweite* | 96 l/864 km |
| *NEFZ-verbrauch* | 13,4 / 9,7 / 11,1 l/100 km |

Die Motorhaube ist als begehbare Variante gegen Aufpreis kräftig verstärkt. Darunter arbeitet ein elaborierter Dreiliter-Diesel. Zusätzlich kommt der G 300 CDI Professional mit der militärischen 24-Volt-Anlage.

## Fazit

Der Mercedes G Professional sieht nur oberflächlich wie ein fabrikneuer Oldtimer aus. Die verbaute Technik ist trotz militärisch-strenger Ausrichtung (24-Volt-Netz, wasserdichte Elektrik, extrem robustes Interieur) weit vom simplen Vorkammer-Diesel-G aus den 1980er-Jahren entfernt. Zu einem bemerkenswerten Preis bietet der G des Baumusters 461 dennoch überragende Geländefähigkeiten und die Gewissheit, ein echtes Sammlerstück zu fahren. Den Supertest hat der G 300 CDI Professional mit Bravour bestanden.

## Im Generationen-Vergleich

# Land Rover Defender

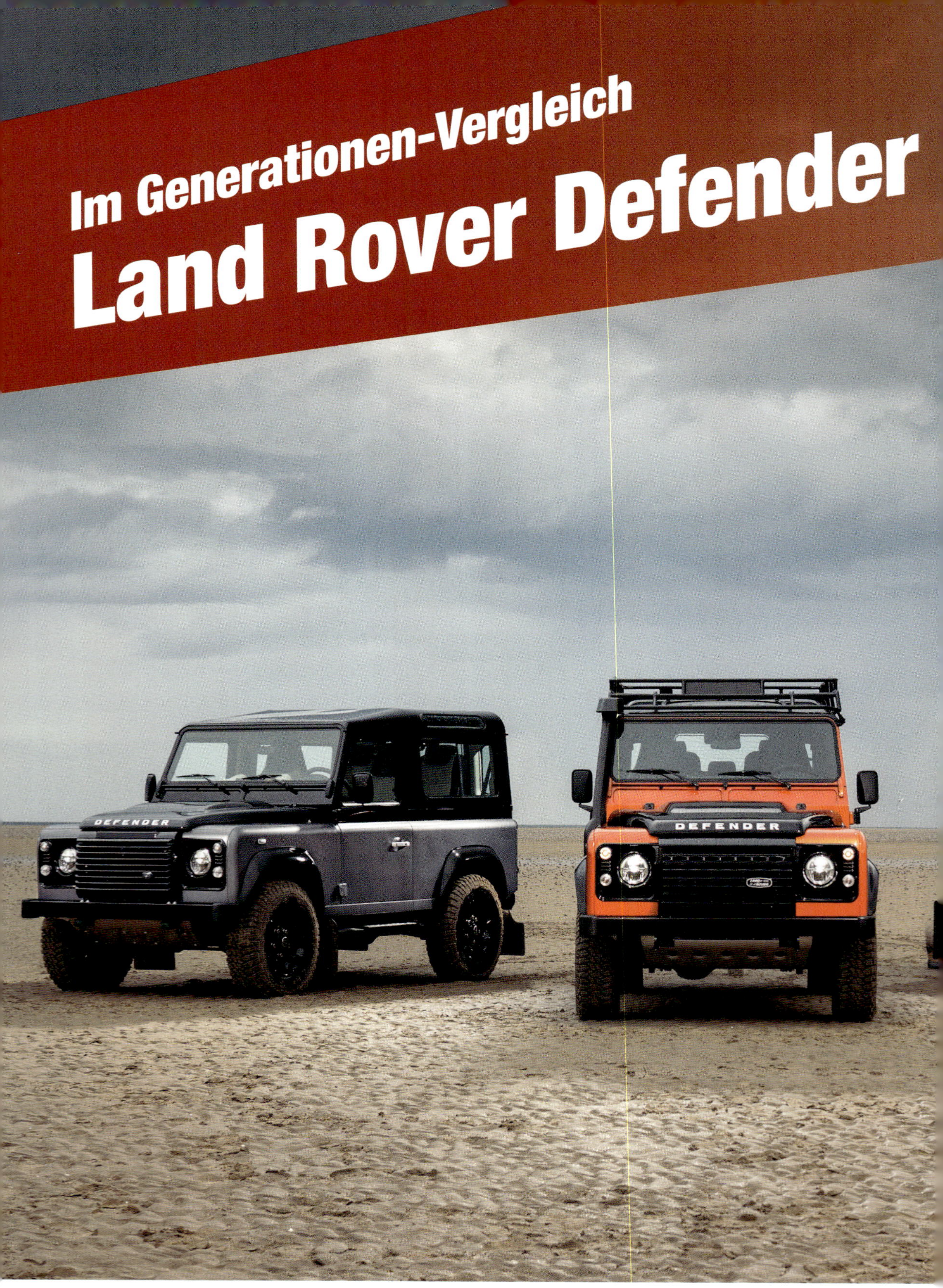

**Während seiner mehr als sechs Jahrzehnte währenden Bauzeit wurde der Defender zur Legende. 2019 präsentierten die Briten einen neu konstruierten Nachfolger. Bleibt die Frage: Trägt der Neue seinen Namen zu Recht?**

Genau 1320 Tage hat sich Land Rover Zeit gelassen, um der verschworenen Defender-Fangemeinde einen Nachfolger zu präsentieren: Am 29. Januar 2016 verließ der letzte Defender, wie wir ihn seit seinem Ur-Ahnen aus dem Jahr 1948 kannten, die Werkstore in Solihull. Auf der IAA in Frankfurt enthüllte Land Rover am 10. September 2019 einen neuen Geländewagen, der ebenfalls Defender heißt und die Geschichte nun fortschreiben soll. Ob der Nachfolger ein würdiger ist, klären wir anhand eines Fakten-Checks

## Fahrverhalten

Man muss den neuen Defender noch keinen Meter gefahren haben um zu wissen, wie dieses Kapitel ausgeht. Der klassische Defender mit Leiterrahmen, Starrachsen und ellenlangen Schraubenfedern ist schon bei behutsamer Fahrweise in Kurven ein Schiff auf hoher See, verlangt eine feste Hand am Lenkrad und Schalthebel sowie stramme Waden für die schwergängige Kupplung. Ein echter Oldie eben. Der neue Defender 110 basiert auf einer modernen SUV-Plattform, kommt immer mit Automatik und Luftfederung.

***Klarer Fall: Alt gegen Neu 0:1***

## Qualität

Der alte Defender wurde noch mit einem hohen Anteil an Handarbeit auf sehr traditionelle Weise hergestellt. Entsprechend der Tagesform der jeweiligen Arbeiter konnte auch das Endprodukt

Die Bodenfreiheit des neuen Defender liegt bei 218-293 Millimeter je nach Luftfeder-Einstellung...

...diejenige des Vorfahren lag bei 249 Millimeter – am niedrigsten Punkt unter dem Hinterachsdifferential.

Auch für die Wattiefe des Ur-Defender gilt: Da ging viel mehr als die offiziellen 500 Millimeter.

ausfallen. Einzigartiges Beispiel: Bei Land Rover gab es für den Defender ein offizielles »Water Ingress Manual«, um nachträglich in der Werkstatt Wassereinbrüche beseitigen zu können. Dergleichen Anekdoten gibt es viele zu erzählen. Der neue Defender wird in einer hoch automatisierten und neu errichteten modernen Fabrik gebaut, nun kann man tatsächlich davon ausgehen, dass die Spaltmaße stimmen und ab Werk kein Öl herausläuft.

**Der Neue erhöht auf 0:2**

### Geländetauglichkeit

Wer Land Rover und die Firmenphilosophie kennt, weiß auch: Der neue Defender wird im Gelände mehr können, als sich die meisten Besitzer zutrauen. Die mangelnde Verschränkung kann die Elektronik leicht wettmachen. Auch der neue Defender verfügt über permanenten Allradantrieb mit sperrbarem Verteilergetriebe, im Gegensatz zum Klassiker aber auch über eine optionale Hinterachssperre. Die Geländeuntersetzung verkürzt die Gänge um den Faktor 2,93:1. Beim alten Defender lag dieser Wert jedoch bei 3,27:1. Beim Ausrechnen der kürzestmöglichen Übersetzung, wichtig für die langsame und kontrollierte Fahrt im Gelände, ist der Oldie meist im Vorteil, er kommt auf einen hervorragenden Wert von 62,92:1. Der neue Defender erreicht je nach Modellversion (unterschiedliche Getriebe- und Achsübersetzungen) zwischen 45,44:1 (das ist Durchschnitt) und 64,34:1 (das ist vorzüglich). Die Bodenfreiheit des neuen Defender liegt bei 218-293 Millimeter je nach Luftfeder-Einstellung, die des Vorfahren bei 249 Millimeter.

Das ist jedoch nur die halbe Wahrheit, denn beim Ur-Defender galt dieser Wert für den niedrigsten Punkt unter dem Hinterachsdifferential, die im schweren Gelände viel wichtigere Bodenfreiheit unter dem Fahrzeug selbst lag ganz erheblich höher. Entsprechend gewinnt der alte Defender auch den Vergleich des Rampenwinkels (alt 30, neu 22-28 Grad) sehr deutlich. Bei den Böschungswinkeln kann der Neuling nur teilweise mithal-

LAND ROVER STARTET MIT DEM VIERTÜRIGEN DEFENDER 110 (LINKS) IN DEN VERKAUF. DER KÜTZERE DEFENDER 90 FOLGTE KURZE ZEIT SPÄTER.

ten, wenn seine Luftfederung bis zum Anschlag ausgefahren wird: alt 49/36, neu 30-38/38-40 Grad. Üppig: Die offiziell freigegebene Wattiefe liegt bei 900 Millimeter für den neuen Defender, der alte war nur für 500 Millimeter freigegeben. Defender-Enthusiasten wissen jedoch: Mit entsprechend angepasster Luftansaugung war auch mehr als ein Meter problemlos drin.

***Ein Unentschieden führt zum 1:3***

## Robustheit

Der alte Defender trägt Dellen und Macken aus dem Geländeeinsatz mit Stolz, beim neuen dürfte ein Astkratzer in der Tür zu sehr ausgeprägter Verstimmung des Besitzers führen. Der alte vertraute auf solide Starrachsen mit Schraubenfedern, die auch einen Zweiwochentrip über afrikanische Waschbrettpisten klaglos aushielten. Der neue setzt auf moderne, vielfach gelagerte Einzelradaufhängung mit komplexem Luftfederungssystem. Der letzte Defender mit Euro-5-Motor ließ sich zur Not auch noch aus einem Spritfass im Urwald mit Diesel versorgen, die neuen Euro-6-Maschinen des Nachfolgers verlangen nach sauberem Hightech-Sprit, den es in vielen klassischen Defender-Reiseländern längst noch nicht gibt. Den Innenraum des Ur-Defender reinigt man mit Gartenschlauch und Handtuch, im neuen wird nach Cockpitspray und fusselfreiem Mikrofaserlappen verlangt.

***Der Oldie holt auf zum 2:3***

## Umwelt

Auch wenn es klar umweltschonender ist, ein altes Auto weiter zu fahren statt ein neues zu kaufen, muss der Defender (alt) gegen den Defender (neu) hier Federn lassen. Sein Nutzfahrzeug-Diesel erreichte zuletzt Euro-5 und goss sich gerne einen hinter die Binde, 295g $CO_2$/km waren die Folge, noch nach dem laxeren alten NEFZ-Messverfahren ermittelt. Heruntergerechnet auf diesen Wert gibt Land Rover für die neuen Vierzylinder-Diesel einen Wert von 199-204g $CO_2$/100 km an. Der Sechszylinder-Diesel und der Vierzylinder-Benziner liegen leicht darüber (226 und 234 Gramm).

***Ein klares 2:4***

64.000 Euro kostete der Defender in der Autobiography Edition, die Auflage lag bei 180 Stück.

Der neue Defender beherrscht all die modische moderne Entertainment- und Assistenzwelt.

Einziges Zierat des Heritage ist der in Wagenfarbe gehaltene Kühlergrill mit antiker Gitter-Optik.

Ein cleanes Cockpit mit Multimediadisplay erwartet den Chauffeur im neuen Defender.

### Fahrleistungen

Das müssen wir wohl bei 122 PS (alt) gegen bis zu 400 PS (neu) nicht weiter aufdröseln, oder?

**Der neue enteilt mit 2:5**

### Individualisierung

Die Umbauten am alten Defender sind ungezählt, wohl kein einziges Auto verblieb nach dem Kauf im Originalzustand. Seine unheimlich praktische Kastenform ermöglichte es seinen Besitzern, den Laderaum vollständig den eigenen Bedürfnissen anzupassen, bis hin zum Campingausbau mit Bett und Spüle. Was alles auf entsprechenden Trägern auf dem Dach und an den Seiten montiert wurde, vom Spaten über Sandbleche bis hin zum Offroad-Wagenheber »Hi-Lift« ist Legende. Beim neuen Defender gibt es ein »Explorer-Pack« für 4.169 Euro, das dem Auto unter anderem einen Dachträger und zwei briefkastengroße Gepäckboxen an den hinteren Seitenfenstern beschert.

**Anschlusstreffer zum 3:5**

### Preise

In seinem letzten Jahr auf dem deutschen Markt rief Land Rover 34.690 Euro Basispreis für den Defender 110 auf – und da waren die Preise schon nach oben justiert worden, um beim erwartbaren Run auf die letzten Modelle noch ein bisschen Zusatzverdienst zu generieren. Als »Exklusivpaket« wurden beispielsweise die Extras Fensterheber und Zentralverriegelung offeriert, auch das CD-Radio musste man extra bezahlen. Der neue Defender 110 startet mit dem 200-PS-Diesel bei 55.650 Euro. Bestellt man den Sechszylinder mit allem inklusive scharf, landet man bei – bitte festhalten – weit über 120.000 Euro. Dafür gab es noch vor fünf Jahren vier Defender 90 und es war noch eine Menge Spritgeld übrig.

***Foul-Elfmeter zum 4:5***

## Kult-Faktor

Schon als man den Defender noch neu kaufen konnte, wurden für gebrauchte Landys Liebhaberpreise erzielt. Wenig gefahrene Defender im gepflegten Zustand werden heute weit über ihrem Neupreis gehandelt. Ob das einst auch für den neuen Defender gilt? Vergleichbare Revivals wie der Fiat 500, der Mini oder der VW New Beetle lassen vermuten: Eher nicht.

***Ein versöhnlicher Ausgleich zum Endstand von 5:5***

## Fazit

Aus technischer Sicht ist der neue Land Rover Defender ganz klarer Gewinner. Als Sieger der Herzen fährt jedoch der kultige Vorgänger durchs Ziel. Tatsächlich trennen die beiden Modelle trotz gleichem Namen Welten. Die Preise der Neuauflage darf man als ambitioniert bezeichnen.

Abschiedsgala: Zum Abschied der klassischen Defender-Generation würdigte Land Rover seine Offroad-Ikone mit einer Reihe von Limited-Edition-Modellen für das Modelljahr 2015. Die Modelle dieser »Final Edition« trugen die klangvollen Namen Autobiography (180 Exemplare, LED-Scheinwerfer), Heritage (ohne Schnickschnack) und Adventure (mit praktischem Schnorchel, von links).

## Kleiner Kult-Klettermax

# Suzuki Jimny 1.3

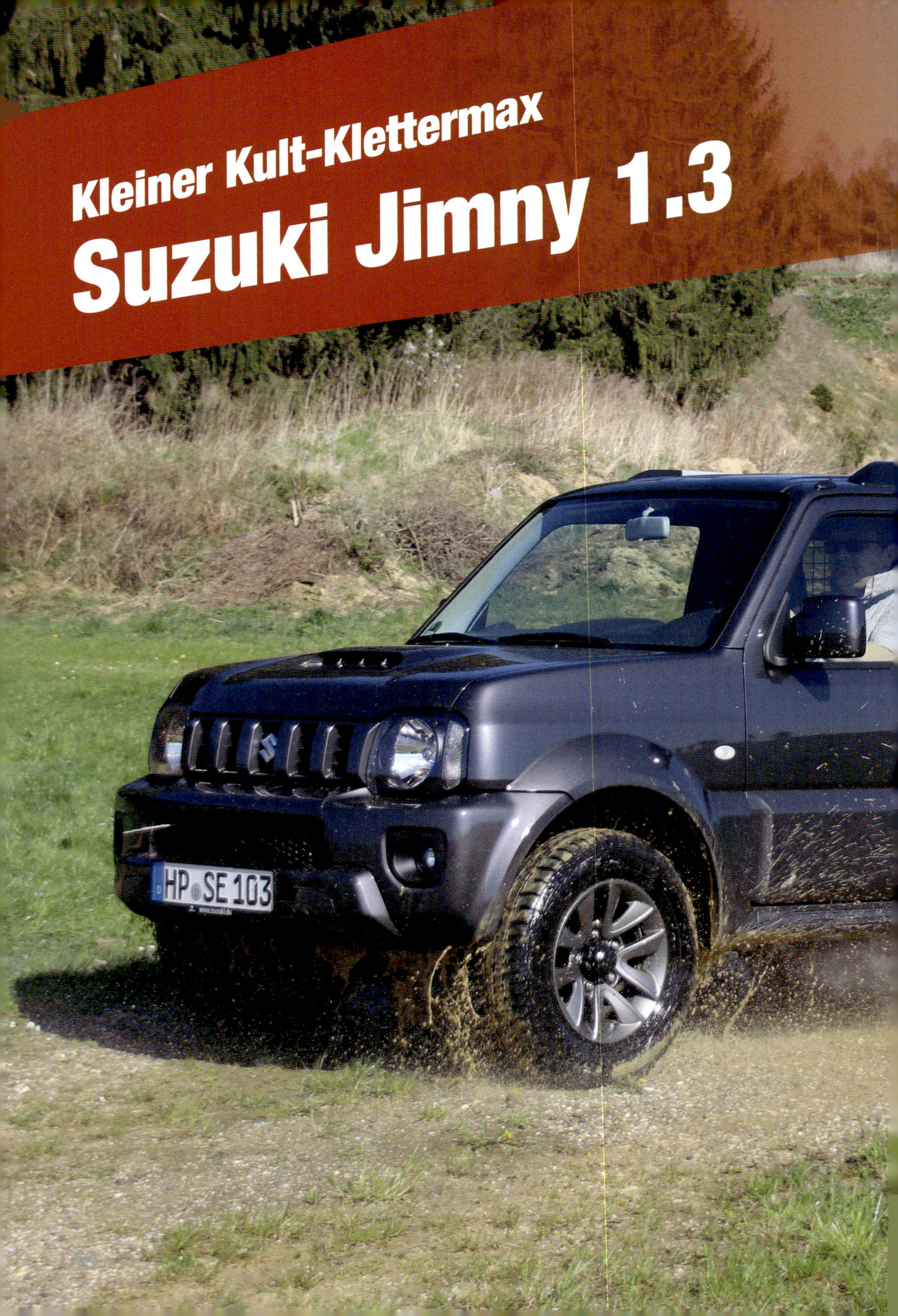

***Seit gut 30 Jahren fährt der Suzuki Jimny großen SUVs im Gelände um die Ohren. Seit 2015 gibt es ihn obendrein mit ESP und Traktionskontrolle – höchste Zeit also für einen Test, dieses Mal mit dem Suzuki Jimny 1.3.***

Drei Meter neunundsechzig. Und da sind noch gute 20 Zentimeter dabei, die das Ersatzrad beansprucht. Kürzer ist keiner. Schon gar keiner, der mit einer so konsequenten Allradtechnik antritt wie der Jimny. Und hier beginnt bei Uneingeweihten bereits oft der entscheidende Denkfehler, wenn man den Jimny mit niedlich, putzig und Spielzeug in Verbindung bringt.

Diesen Fehler begingen manche Offroader auch früher mit den Vorfahren des Jimny und rieben sich dann verwundert die Augen, wenn ein LJ80 oder Samurai im Gelände fröhlich pfeifend Kreise um teure Luxus-Geländewagen drehte. Mit dem Jimny hat sich daran nichts geändert, im Gegenteil. Es ist seit neuem noch lustiger. Denn mit der 2011 gestarteten EU-weiten Pflicht, den Schleuderschutz ESP einzubauen, ist der Jimny nun auch noch um eine elektronische Traktionskontrolle angereichert, die es beim ESP quasi gratis dazu gibt. Grund genug, ihn mal wieder durch die Testmangel zu drehen.

An den größten Vorteilen des Jimny hat sich konzeptbedingt nichts geändert: noch immer fährt er über morastige Geländestrecken, in denen große, schwere Geländewagen hilflos versinken. Und noch immer turnt er mit einer herzerfrischenden Frechheit durch eng bewachsene Wälder und knapp geschnittene Felsschluchten, wo Fullsize-Allradler schlicht steckenbleiben oder herunterfallen. Nicht umsonst ist der Jimny auch 17 Jahre, nachdem er bei uns auf den Markt kam, ein ausgesprochen beliebtes Auto: im vergange-

DREI METER NEUNUNDSECHZIG. UND DA SIND NOCH GUTE 20 ZENTIMETER DABEI, DIE DAS ERSATZRAD BEANSPRUCHT. KÜRZER IST KEINER – SCHON GAR KEINER, DER MIT EINER SO KONSEQUENTEN ALLRADTECHNIK ANTRITT WIE DER JIMNY.

DAS GRIFFIGE LEDERLENKRAD GEHÖRT ZUM STYLE-PAKET. ANSONSTEN GIBT SICH DER JIMNY PRAGMATISCH: DIE ABLAGEN BESCHRÄNKEN SICH AUF SEHR, SEHR KLEINEM RAUM.

nen Jahr konnte Suzuki über 3.700 Jimny in Deutschland ausliefern. Das sind, nebenbei, mehr Fahrzeuge als Jeep Wrangler und Mercedes G zusammengerechnet.

Dabei ist der Suzuki Jimny wohl das Auto, das unter den SUV und Geländewagen in Deutschland mit weitem Abstand am häufigsten Dreck unter die Räder bekommt – niemand kauft ihn sich, um damit vor der Szene-Disco zu protzen. Stattdessen steht der Suzuki Jimny traditionell vor allem bei der Landbevölkerung hoch im Kurs. Jagd, Forst, Landwirtschaft, da ist er daheim.

### *SUZUKI JIMNY ALS SONDERMODELL RANGER*

Mit dem Sondermodell Ranger, das zu unserem Test antrat, ist Suzuki seit 2006 auf der Jagd: statt der Alibi-Rücksitzbank gibt es ein mit schmutzresistentem Kunststoff verkleidetes Laderäumchen, ein Gitter trennt alles, was beim Bremsen nach vorne fliegen könnte, von der Besatzung. Der ohnehin nicht besonders üppige Wohnraum wird so auch nach hinten weiter eingeschränkt, doch bis auf die dick auftragende Schaltereinheit der Fensterheber sitzt man auf dem Fahrersitz immerhin noch einen Tick freizügiger als in einem Land Rover Defender. Der Suzuki Jimny Ranger-Testwagen basiert auf der »Style«-Ausstattung, die gegenüber dem Basismodell »Club« 1.600 Euro Aufpreis kostet. Der steckt im Wesentlichen in vernachlässigbaren Details, lediglich das angenehm anzufassende Lederlenkrad und die beim

Club nicht vorhandene Klimaanlage fallen als gern genommenes Extra auf.

1,3 Liter Hubraum und 84 PS genügen dem leichten Suzuki Jimny, wobei man sich über die Leistungsentfaltung keine Gedanken machen muss: erst bei 6.000 Umdrehungen liegt die Maximalleistung an. Für zügige Fortbewegung muss also eifrig gequirlt werden. Andererseits ist der Suzuki Jimny im Straßenmodus über Achsen und Getriebe so kurz übersetzt, dass bereits bei Tempo 50 der fünfte Gang reicht. 2.000 Umdrehungen stehen dann auf der Uhr. Sehr viel mehr Leistung könnte der kleine Geländegänger allerdings auch nicht gebrauchen: flotte Kurven nimmt der Suzuki Jimny im Test mit bemerkenswerter Schlagseite. Der kurze Radstand in Verbindung mit den kurzhubigen Federn bringt Erinnerungen an den alten, blattgefederten Samurai zurück, wenn die Straße nicht im Idealzustand ist. Hoppelhoppel. Wichtiger jedoch: das ESP entschärft auf nassem oder glattem Untergrund die früher ziemlich heftige Tendenz, den Hintern aus der Kurve zu hängen. Ein Suzuki Jimny auf Schnee, das war bislang Abenteuer mit Ansage. Dabei greift das ESP erst ein, wenn wirklich Handlungsbedarf besteht, die Abstimmung ist gelungen.

## Im Gelände ganz gross

Viel lieber als auf großer Straßentour vergnügt sich der Suzuki Jimny natürlich im Gelände. Mit der zugeschalteten Untersetzung wird zwar das ESP-Programm beendet, die elektronische Traktionskontrolle bleibt jedoch in Betrieb. Der bemerkenswerte Vorteil gegenüber früheren Modellen: ab sofort kann man den Suzuki Jimny auch stur am Gas wühlen lassen, wo bislang eher Schwung und Anlauf gefragt waren. Dadurch nehmen allerdings auch die Reifen einen größeren Einfluss darauf, was im Gelände geht und was nicht: wer nicht mit Vollgas durch die Botanik brechen möchte, kann mit dem ESP-Jimny nun gefühlvoll graben und benötigt dafür entsprechend traktionsstarkes Profil.

Auch an anderer Stelle darf sich der Suzuki Jimny-Eigner Gedanken über Umrüstungen machen, wenn er es mit dem Geländeeinsatz ernster

Statt der Alibi-Rücksitzbank gibt es ein mit schmutzresistentem Kunststoff verkleidetes Laderäumchen.

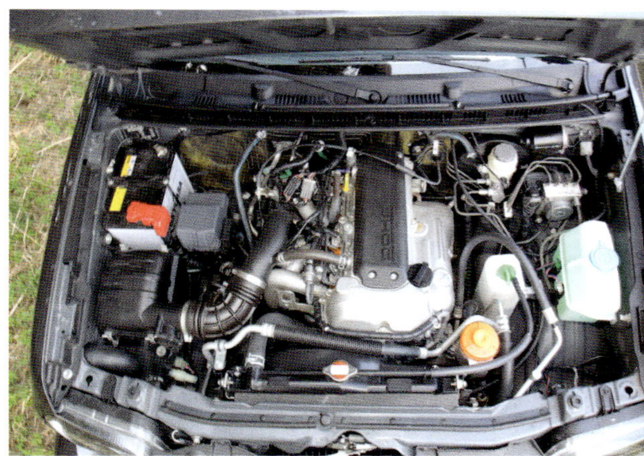

Kein Turbo, kein Diesel: der 1,3-Liter-Vierzylinder ist die einzige Wahl.

Wegen der vergleichsweise kleinen Bereifung ist die serienmässige Bodenfreiheit unter den Differentialen bescheiden. Unter dem Rest das Autos ist aber mehr Luft als bei den üblichen SUV.

Niemand kauft sich einen Jimny, um damit vor der Szene-Disco zu protzen. Stattdessen steht der kompakte Suzuki traditionell vor allem bei der Landbevölkerung hoch im Kurs. Jagd, Forst, Landwirtschaft, da ist er daheim.

meint. Der nur leidlich gut geschützte Unterboden verträgt Nachrüstung von entsprechenden Schutzblechen, auch ein Höherlegungsfahrwerk ist sicher nicht die schlechteste Idee: unter dem Auto ist im Serienzustand nicht wirklich viel Platz. Kleines Detail am Rande: was sich Suzuki bei dem ellenlangen Drahtbügel gedacht hat, der vorne eine Schleppöse imitiert, bleibt auch in diesem Test unergründlich.

Die zuschaltbare Geländeuntersetzung des Jimny bleibt jedoch sein eigentliches Manko, und auch da bleibt er der Tradition seiner Vorgänger treu. Sie halbiert die Straßenübersetzung lediglich, angesichts des Drehmomentverlaufs des Vierzylinders ist das nicht viel. Kommen dann noch etwas höhere Reifen dazu, um die Bodenfreiheit aufzupolieren, muss man sich über Rockcrawling und dergleichen keine Gedanken mehr machen. Doch glücklicherweise gibt es hierfür Nachbesserungslösungen der einschlägigen Umrüster, etwa in Form eines Zahnradsatzes mit verkürzter Geländeübersetzung. Und auch da zeigt sich der Suzuki Jimny von seiner freundlichen Seite: im Gegensatz zu vielen Fullsize-Offroadern sind die Ersatz- und Umrüst-Teile relativ günstig.

## Vor- und Nachteile im Überblick

- Sehr leicht und wendig
- Gut funktinierende Traktionskontrolle
- Robuste Bauweise
- Günstiger Preis
- Mäßiges Straßenfahrverhalten
- Wenig Durchzugskraft
- Geringe Bodenfreiheit

## Fazit

Der Suzuki Jimny 1.3 ist wohl der einzige Geländewagen auf dem Markt ohne jede Konkurrenz. Wer ein handliches, bezahlbares und robustes Arbeitsgerät sucht, hat keine andere Wahl. Das ESP bringt bei Schnee und Regen mehr Sicherheit, vor allem aber beschert es dem Suzuki Jimny eine gut funktionierende Traktionskontrolle. Damit kommt er im Gelände noch weiter als bisher.

Dabei ist der Suzuki Jimny wohl das Auto, das unter den SUV und Geländewagen in Deutschland mit weitem Abstand am häufigsten Dreck unter die Räder bekommt.

Das ESP entschärft auf nassem oder glattem Untergrund die früher ziemlich heftige Tendenz, den Hintern aus der Kurve zu hängen. Mit der zugeschalteten Untersetzung wird zwar das ESP-Programm beendet, die elektronische Traktionskontrolle bleibt jedoch in Betrieb.

## Suzuki Jimny 1.3 ALLGRIP Club

| | |
|---|---|
| *Grundpreis* | ca. 15.000 Euro |
| *Außenmaße* | 3675 x 1600 x 1670 mm |
| *Kofferraumvolumen* | 113 bis 816 l |
| *Hubraum / Motor* | 1328 cm³ / 4-Zylinder |
| *Leistung* | 62 kW / 84 PS bei 6000 U/min |
| *Höchstgeschwindigkeit* | 140 km/h |
| *Verbrauch* | 7,1 l/100 km |

An den grössten Vorteilen des Jimny hat sich konzeptbedingt nichts geändert: noch immer fährt er über morastige Geländestrecken, in denen grosse, schwere Geländewagen hilflos versinken.

## Kult oder Katastrophe?

# Lada Niva

**DER LADA NIVA IST NACH MEHR ALS 45 JAHREN BAUZEIT KULT. DOCH KANN MAN IHN BEDENKENLOS ALS GEBRAUCHTWAGEN KAUFEN? DIE ANTWORT IST ETWAS KOMPLIZIERT.**

Wie schreibt man eine Kaufberatung für ein Auto, zu dessen Kauf man einem guten Freund eher nicht raten würde? Am besten fangen wir in aller Offenheit an: Wenn Sie Rost verabscheuen, keine Zugluft mögen, gerne auf der Autobahn (Autobahn, haha!) angeregte Plaudereien bei gedämpftem Geräuschniveau führen; wenn Sie davon ausgehen, dass es in ein Auto gefälligst nicht reinregnen und nichts daraus auslaufen soll, wenn Sie es überdies stets besonders eilig haben und den Unterschied zwischen einer Wasserpumpen- und einer Rohrzange nicht kennen – dann ist der Lada Niva definitiv nichts für Sie. Noch nicht einmal als Neuwagen.

Gut, das Obenstehende würde auch problemlos zu einer Kaufberatung für einen klassischen Land Rover Defender passen, aber hier beleuchten wir jetzt einmal den knubbeligen Gelände-Russen, der seit sage und schreibe fast 50 Jahren optisch nahezu unverändert von den Montagebändern in Toljatti an der Wolga purzelt. Und technisch haben sich in diesen Jahrzehnten seit 1977 ebenfalls keine revolutionären Neuerungen im Niva eingefunden.

Allerdings beschränken wir uns an dieser Stelle auf das neuere WAS-21214-Modell (erkennbar an den hochkant montierten Rückleuchten) und hier speziell die Variante nach dem großen Facelift aus dem Modelljahr 2010. Mithin Autos, die zwölf bis 15 Jahre auf dem Buckel haben, was bei den Erhaltungsarbeiten an einem Niva schon für ausreichend Kurzweil sorgt. Generell sind viele Hinweise aber auch für das Vor-Facelift-Modell von Bedeutung.

Die mechanische Verstellung für das Heizungssystem muss man checken.

Russisch Roulette: Im klassischen Niva herrscht noch Airbagfreie Zone. Das Zündschloss liegt, wie bei Porsche, links des Lenkrads.

Beim Blick ins mässig lackierte Innenleben der Motorhaube erspäht man schon beim Neuwagen Rost. Beim Gebraucht-Niva gilt: Genau hinsehen.

Erkennbar ist das Facelift-Modell an Blinkern und Spiegeln: Die charakteristischen Blink/Standlicht-Einheiten über den Hauptscheinwerfern sind seit dem Facelift größer und bündig in die Karosserie eingepasst. Die Außenspiegel wurden vergrößert und sind von innen verstellbar, was die Chance steigert, auch bei flotterer Fahrt den rückwärtigen Verkehr zumindest ansatzweise erkennen zu können. Innen kam zum Facelift eine neue Instrumenten-Einheit zum Einsatz. Neben einer neuen digitalen Anzeige für Tages- und Gesamtkilometer gibt es seitdem eine Digitaluhr, ein Außenthermometer und ein Voltmeter.

2010 wurde der Lada Niva moderner

An der Technik wurde ebenfalls Hand angelegt. Die Kupplung wurde auf eine verstärkte Scheibe umgestellt, der Bremskraftverstärker überarbeitet und verbessert. Neue Dichtungen für die Wasserpumpe und eine überarbeitete Benzinversorgung sollen auch in diesen Bereichen die Zuverlässigkeit steigern. Auch der Klappmechanismus der Rücksitzbank wurde überarbeitet, die Entriegelung liegt seitdem auf der Lehne. Zu guter Letzt gab es noch verbesserte Stoßdämpfer an der Hinterachse.

Der Hinweis auf die verstärkte Kupplung des Facelift-Modells kommt nicht von ungefähr, denn auch nach dem Facelift ist dies einer der Schwachpunkte des Niva. Weil der Motor nur ein überschaubares Drehmoment bereitstellt und die Geländeuntersetzung eher ins Lange tendiert, muss man den Russen im Gelände öfter per schleifender Kupplung bei Laune halten, gleiches gilt im Anhängerbetrieb. Der Kupplungs-Standardtest (im hohen Gang bei Stehendem Auto langsam kommen lassen) gehört bei einem Niva-Gebrauchttest also zwingend dazu. Ebenso der Akustikcheck des Ausrücklagers – wird die Geräuschkulisse aus dem Parterre bei getretener Kupplung deutlich geringer als im Leerlauf ohne eingelegten Gang, ist in Kürze Arbeit angesagt.

## *Rost an allen Stellen*

Die optische Karosseriekontrolle beim gebrauchten Lada Niva ist die wohl umfangreichste Arbeit bei einer Besichtigung. Das liegt auch daran, dass

Hubraum: 1.690 ccm. Leistung: 61 kW/5.000 U/min. Drehmoment: 129 Nm/4.000 U/min. 0-100 km/h: 19s
Länge: 3.640 mm. Breite: 1.690 mm. Höhe: 1.640 mm – der Niva ist inetwa so kompakt wie ein VW Up.

Vorne Scheibenbremsen mit Schwimmsattel, hinten Trommelbremsen, selbstnachstellend. Bereifung 175/80 R16 oder 185/75 R16. Die Karosserieform ist seit 1977 unverändert.

83 PS leistet der Vierzylinder mit 1,7 Liter Hubraum. Besonders sparsam ist der Niva allerdings nicht, mit 9-10 Liter Verbrauch muss man im Alltag rechnen.

Auch unter der hinteren Auslegeware und den Verkleidungen muss man nach Rost Ausschau halten.

es praktisch keine Ecke an diesem Auto gibt, an der es nicht rosten kann und meist auch tut. Der erste Blick sollte der Schottwand im Motorraum und dem Windschutzscheibenrahmen gelten. Blüht hier bereits der Gilb, sind die generellen Aussichten zur Blechgesundheit trübe. Danach darf man sich den Schwellern widmen und nicht zu zaghaft dagegenklopfen, der Magnettest auf fröhlich aufgetragenen und überlackierten Spachtel ist auch keine schlechte Idee.

Immer noch nicht in Tränen ausgebrochen und mit der halben Hand durch ein Rostloch gefallen? Dann geht es in die Radhäuser. Sind hier die (nicht serienmäßigen) Radhausverkleidungen zu sehen, ist das ein gutes Zeichen, weil diese den schlimmsten Schmutz und Schmodder von den Sicken und Hohlräumen fernhalten. Wer seinerzeit den Aufpreis hierfür zahlte, wollte lieb zu seinem Niva sein und ihn nicht nur gnadenlos verheizen. Auch hier gründlich alles auf Durchrostungen absuchen, die bei schlechter Pflege schon nach wenigen Jahren drohen.

## Innen nach Feuchtigkeit fahnden

Im Innenraum wird danach der Boden unter den vorderen Fußmatten gecheckt. Steht hier das Wasser, muss genauer nachgesehen werden. Ursache kann der Wärmetauscher der Heizung sein (sitzt in der Mitte vor dem Getriebetunnel an der Schottwand) oder eine schlecht eingepasste Windschutzscheibe (das wäre dann der Hauptgewinn). Letzteres sorgt dafür, dass das Armaturenbrett raus muss, um an die dahinterliegende Verkabelung und das (bei defekter Scheibendichtung mit Wasser vollgesogene) Dämm-Material zu kommen. Auch im Laderaum geht ein kritischer Blick unter den Bodenbelag und hier ganz speziell an die Falze der Radhäuser.

Untenrum darf nach nicht unüblichen Ölundichtigkeiten gefahndet werden, speziell im Bereich Motor/Getriebe sind nachträgliche Abdichtarbeiten ein größerer Akt. Eine frische HU-Plakette schafft Vertrauen, dass es sich um kein Auslaufmodell handelt. Bei der Gelegenheit können Kardan- und Antriebswellen auf Gelenkspiel gecheckt werden.

Die abschließende Probefahrt sollte man nach Möglichkeit mit einem erfahrenen Niva-Besitzer unternehmen, der »normale« von »besorgniserregenden« Geräuschen bei diesem Fahrzeug unterscheiden kann. Denn irgendwas klappert, mahlt und quiekt beim Niva eigentlich immer und ist nicht von vorneherein ein Grund zur Panik. Geräuschänderungen bei Kurvenfahrt oder zunehmendes Vibrieren bei höherem Tempo können auf defekte Antriebswellengelenke hinweisen. Das Getriebe muss sich sauber schalten lassen; wenn ein geschalteter Gang herausspringt, ist das ein schlechtes Omen und ein Tauschgetriebe in Sichtweite.

Abschließend darf noch die Allradtechnik überprüft werden. Die Geländeuntersetzung wird im Stand oder bei leichtem Rollen ohne Kraftschluss zum Motor geschaltet, muss sauber einrasten. Erhöhtes Getriebesingen in der Untersetzung ist normal. Die Verteilergetriebe-Sperre wird ebenfalls geprüft, zugeschaltet muss ein spürbares Sperrmoment bei langsamer Kurvenfahrt auf festem Untergrund bemerkbar sein.

Die Sitzmechanik gehört ebenfalls ins Prüfprotokoll. Die Rücksitzbank fehlt bei Gebraucht-Nivas übrigens des Öfteren.

Der Motor selbst gilt als recht solide, Anbau-Aggregate wie Lichtmaschine oder Wasserpumpe dagegen nicht so sehr. Aber Ersatz kostet nur ein Taschengeld.

Seit 2010 trägt der Niva die Rückleuchten senkrecht, mit dem Facelift gab es noch weitere Verbesserungen. Scheibenrahmen und die Aufnahme des Heckscheibenwischers gelten als erste Kandidaten für Rostprobleme.

Zu guter Letzt dient ein letzter Check allen elektrischen Verbrauchern und Schaltern. Läuft das Lüftergebläse auf allen Stufen? Funktioniert die mechanische Verstellung von Luftstrom und Temperatur? Licht und Blinker ok? Auch wichtig: Der kleine Code-Schlüsselanhänger für die Wegfahrsperre muss diese zuverlässig und im ersten Anlauf entriegeln.

### *Fazit*

Wohl kein anderes Auto hat als Gebrauchtwagen ein solches Wundertüten-Potential wie der Lada Niva – und das bereits in jungen Jahren. Wer weiß, worauf er sich mit dem Niva einlässt und das auch in aller Konsequenz möchte, bekommt in jedem Fall ein ehrliches Auto, das bei pfleglicher Behandlung und liebevoller Wartung durch dick und dünn mit einem geht.

Die Eckdaten sind bekannt, der Niva ist weder schnell noch leise noch geräumig, aber in Betrieb ein echter Gutelaune-Spender. Bei all seinen Macken ist das wichtigste und alles überlagernde Thema der Rost. Schlecht gepflegte Exemplare rosten einfach überall, während bereits als Neuwagen einer ordentlichen Rostschutz-Vorsorge unterzogene Nivas durchaus Chancen auf ein langes und erfülltes Leben haben. Der Motor selbst gilt allgemein als recht robust, der Antriebsstrang nicht so sehr, nach spätestens 100.000 km kann man sich zum Beispiel schon einmal auf eine Getriebe-Revision einstellen. Auch die diversen Lager an den Antriebswellen und der Lenkung haben alles andere als das ewige Leben.

Wichtig ist vor allem, dass man sich selbst zu helfen weiß und über eine gewisse Werkzeug-

Geländeuntersetzung und Zentralsperre müssen sich definiert schalten lassen – und geschaltet bleiben.

Alle Plastikteile noch unbeschädigt an ihrem Platz: beim Gebrauchtwagen keine Selbstverständlichkeit.

High-Tech auf russisch: Die von innen verstellbaren Rückspiegel gab es ab 2010.

Suchspiel für Niva-Neulinge: Heckklappenentriegelung von innen.

Grundausstattung verfügt. Wer den Niva mit jedem Wehwehchen in eine Werkstatt bringen muss, wird sehr schnell sehr unglücklich. Pragmatische Selbstschrauber hingegen freuen sich über sensationelle Ersatzteilpreise, da kostet eine Wasserpumpe schlanke 50 Euro und eine neue Kupplungsscheibe 45, dafür bekommt man bei Mercedes noch nicht einmal mal ein RDK-Reifenventil. Und nicht zuletzt steht Lada-Neulingen eine sehr rührige und kompetente Fan-Szene offen, die bei anfallenden Problemen mit Rat und Trost zur Stelle ist, zu finden zum Beispiel bei www.nivatechnik.de.

Ein wichtiger Prüfblick gilt den hoffentlich montierten Innenkotflügeln, die den gröbsten Schmutz vom Blech fernhalten. Fazit: Der Niva ist ein Fahrzeug für echte Abenteurer.

# Luxus statt Landy

Im Supertest mussten sich nicht nur »echte« Geländewagen beweisen, sondern auch Vertreter der Gattung **»Sport Utility Vehicles«** (SUV), die seit Jahren die Zulassungszahlen anführen. Diese punkten zwar in erster Linie durch Luxus, haben aber durchaus den Ehrgeiz, auch als anspruchsvolle Geländekraxler zu überzeugen. Doch unser Testgelände stellte manchen Vertreter dieser Klasse vor ganz eigene Probleme.

## Porsche Cayenne Transsyberia

# Letzte Fahrt im Rallye-Porsche

**LETZTE AUSFAHRT MUSEUM: PORSCHE SCHENKTE UNS EINIGE TAGE MIT EINEM WILDEN EINZELSTÜCK. DER RALLYE-PORSCHE CAYENNE TRANSSYBERIA DURFTE ZUM ABSCHIED NOCH EINMAL RICHTIG RÖHREN.**

Ein unscheinbarer Backsteinbau mitten in einem Stuttgarter Industriegebiet ist der Ausgangspunkt. Das betulich wirkende, unter Denkmalschutz stehende rote Gebäude lässt auf den ersten Blick nicht Geschichte und Geschichten erkennen, die sich hinter den Mauern verbergen: Hier in der Zentrale von Porsche wurde der erste VW Käfer konstruiert, und in der Werkstatt im Erdgeschoss werden bis heute ganz besondere Modelle beschraubt. Unter anderem ein Einzelstück, das sich bis in die Mongolei herumgetrieben hat.

S-TS 2624, ein schwarz-oranger Cayenne , steht gerade in der besagten Werkstatt und bekommt einen Übergabe-Check. Der martialisch beklebte Allradler darf in Kürze seine letzte Reise antreten. Ein Ausflug nach Berlin, für ein paar Tage noch mal richtig Dampf ablassen, bevor es in den Ruhestand geht. Anschließend wird er im Porsche-Museum, einen Steinwurf entfernt vom roten Backsteinbau, als Ausstellungsstück auf Besucher warten. Das Übergabe-Procedere zieht sich diesmal ein wenig hin. Ein Porsche-Mitarbeiter erklärt geduldig die Eigenheiten des Boliden, in dessen Innenraum nichts mehr nach Leder und Luxus duftet, dafür nach reinem Rennsport riecht.

## ARMIN SCHWARZ FUHR DAMIT SCHON BIS ULAN BATOR

Der Cayenne mit der Startnummer 10 war das Werkzeug von Armin Schwarz, seines Zeichens unter anderem Deutscher Meister, Europameister und bis 2005 aktiv in der Rallye-WM unterwegs.

Sony Ericsson
Sony Ericsson
10
VELTINS
Mobil 1

VELTINS
Mobil 1
S TS 2624

## PORSCHE CAYENNE TRANSSYBERIA

Armin Schwarz und Andy Schulz pilotierten den Transsyberia auf der gleichnamigen Rallye im Jahr 2008 über 7.000 Wertungskilometer von Moskau bis nach Ulan Bator in der Mongolei.

Einst wies das GPS den Weg durch die monoglische Steppe, nun geht es »nur« in die Bundeshauptstadt.

Schwarz hat diesen Cayenne mit seinem Beifahrer Andi Schulz im vergangenen Jahr auf der Rallye Transsyberia von Moskau bis Ulan Bator geprügelt und ihn nach über 7.000 Wertungskilometern auf Rang drei durchs Ziel gefahren, mit etlichen Tagesbestzeiten im Gepäck. Das verschafft Respekt. Das Prüfprotokoll von Seilwinde, Zusatz-Tank und dessen Pumpe, der modifizierten Fahrwerkssteuerung und der hundert anderen Kleinigkeiten, die sich in dem nackt ausgeräumten und mit einem massiven Überrollkäfig ausgekleideten Cayenne von der Serie unterscheiden, ist schließlich abgearbeitet. Endlich los.

Fast schon enttäuschend, dass der Achtzylinder einfach so mit schnödem Schlüsseldreh startet. Aber dafür stimmt die Musik: Die Sport-Auspuffanlage ist zwar gerade noch so im legalen Lautstärkebereich, lässt aber mit tiefem Bass keine Zweifel, dass hier gerade ein Achtzylinder aufgeweckt wurde. Verbaut ist der Standard-Saugmotor mit 4,8-Liter und 385 PS - die stärkeren GTS- oder Turbo-Maschinen wollte man nicht mit sibirischem Sprit malträtieren.

## Die Autobahn ist nicht das Revier dieses Porsche Cayenne

Kurs Nord-Nordost, raus aus Stuttgart, Richtung Brandenburger Tor. Der Recaro von Armin Schwarz passt wie ein Handschuh, das Wildleder-Rallyelenkrad dirigiert den schwarzen Riesen fast auf Zuruf, lediglich auf die unteren beiden Schlaufen der Sechspunkt-Gurte verzichte ich aus Bequemlichkeit auf dem Weg in die Hauptstadt. Das GPS am ehemaligen Arbeitsplatz von Andi Schulz betet stumm Informationen runter. Fast möchte ich mich bei dem Gerät für A81 und A9 entschuldigen, schließlich trägt es noch sauber gespeichert die Rallye-Tracks im Nirgendwo der mongolischen Steppe in sich. Mit fettem Beat grollt der V8 dem Horizont entgegen, nicht übermäßig hastig, denn die hohen BF Goodrich All Terrain sind nur bis 160 freigegeben. Alle halbe Stunde zuckt es mal im Fuß, darf der Achtzylinder für ein paar Sekunden bellen, um anschließend wieder brav auf der rechten Spur zu dümpeln. Überführungsetappen sind stets der langweilige Teil im Motorsport.

Die Stadtgrenze ist erreicht, der Fotograf wartet, im Auto ist es warm - ein Eis beim Drive-In muss sein. Geld raus, Eis rein funktioniert ein wenig ungelenk, festgeschraubt von den starren Sportgurten. Die junge Dame am Ausgabeschalter guckt irritiert. Auch für den Wasser-Einkauf beim Supermarkt gibt es bessere Fahrzeuge, wie sich kurz darauf herausstellt - allerdings nur wenige, die mehr auffallen. Zwischen all den Kompakt- und Mittelklasse-Karossen auf dem Parkplatz wirkt der beklebte Zuffenhausener wie ein Alien. Zwischenfazit: Autobahn und Alltag sind nicht das, womit man diesem Auto (und seinem Benutzer) wirklich eine Freude macht. Um das festzustellen hätten wir allerdings auch keine 600 Kilometer fahren müssen, das war schon vorher klar. Doch jetzt beginnt die Kür. Erst mal Schaulaufen in Berlins guter Stube, flanieren Unter den Linden, parken vor dem Brandenburger Tor. Wenn schon Aufsehen, dann richtig. Eine Polizeistreife verscheucht uns schließlich, die Wachleute von der nahegelegenen US-Botschaft hatten sich beschwert. Der grelle Porsche war ihnen nicht geheuer.

Die BF Goodrich All Terrain-Reifen sind nur bis 160 km/h freigegeben. Generell gilt: Überführungsetappen sind stets der langweilige Teil im Motorsport.

Die Karosserie des Renn-Porsche ist weit über den Serienstand hinaus nachträglich abgedichtet, ein Ansaugschnorchel lässt sich mit wenigen Handgriffen montieren. Ein Meter Wattiefe sollte so kein Problem sein.

## *Raus aus der Stadt, rein ins Gelände*

Also raus aus dem Trubel, rein in den Wald. Horstwalde, unser Supertest-Gelände, wartet. 1.200 Hektar Fichtenwald in einem abgesperrten Areal mit unzähligen Wegen und Pisten. Die Karosserie des Renn-Porsche ist über den Serienstand hinaus nachträglich aufwendig abgedichtet, ein Ansaugschnorchel, der hinter den Sitzen in einer handgenähten Tasche lagert, lässt sich mit wenigen Handgriffen montieren. Ein Meter Wattiefe soll kein Problem sein, doch heute bleibt das Wasserbecken trocken. Stattdessen Renntempo garantiert ohne Gegenverkehr. Auf den verwundenen Sandpfaden kommt das Gefühl einer Finnland-Rallye auf, nur die 1.000 Seen fehlen. Der Cayenne brüllt. Die Besatzung auch, vor Freude.

Szenenwechsel, vom Süden Berlins in den Norden der Stadt. Auf dem 1.600-Hektar-Gelände des Driving Center Dölln in der Schorfheide fahren wir normalerweise unsere Dynamik- und Fahrleistungsmessungen. Diesmal sind allerdings nicht die gigantischen Asphalt-Flächen das Ziel. Abseits der riesigen Runways gibt es ein weit verzweigtes Netz an Rallye-Wegen. Abermals wird der Gurt mit allen sechs Schließen festgezurrt.

Der Porsche tobt durch die Botanik wie ein Tyrannosaurus Rex. Nur dass er im Gegensatz zu dem Urzeitmonster fliegen kann. Unglaublich, wie sich der 2,4 Tonnen schwere Ballermann im Zaum halten lässt. Denn obwohl der Innenraum komplett entkernt wurde und alle schwere Komfort-Ausstattung auf der Strecke blieb, wird das reduzierte Gewicht von dem expeditionstauglichen Zubehör (Käfig, Winde, zwei Ersatzräder, Werkzeugsatz, Wagenheber und und und...) wieder aufgezehrt. Als Armin Schwarz den Reportern am Ende einer Transsyberia-Speziale in die Blöcke diktierte, er sei eine 90-km-Etappe nur Vollgas gefahren, hielt ich das für eine charmante Übertreibung. Heute weiß ich: der Mann sprach die Wahrheit. Der schwarze Riese tänzelt, brüllt, springt. Er driftet mit herrlich hecklastiger Allrad-Auslegung in gigantischen Staubwolken quer um die Kurven. ABS und ESP sind per Knopfdruck in Urlaub geschickt, die Tiptronic wechselt die Gänge per Lenkradschaltung. Untersetzung? Brauchen wir nicht. Vollgas.

Endstation Porsche Museum: Hier mussten wir den Transsyberia nach unserer Ausfahrt abliefern.

## Würdiger Abschied eines grossen Sportlers

Das Luftfeder-Fahrwerk lässt sich im Gegensatz zum Transsiyberia-Serienmodell manuell auf jeder gewünschten Höhe arretieren und bietet selbst in der höchsten Stellung (270 Millimeter Bodenfreiheit!) noch ordentlichen Restfederweg. Die handgefertigten Rallye-Dämpfer machen alles klaglos mit. Selbst nach stattlichen Flugeinlagen detoniert der Cayenne nicht ungespitzt wie eine Boden-Boden-Rakete im märkischen Sand. Stattdessen fühlt es sich wie majestätisches Segeln an, austariert, erhaben. Die kurzen Augenblicke in der Luft dehnen sich im Cockpit zur halben Ewigkeit, bis der Tyrannosaurus mit schmatzendem Aufplumpsen die Flugschau beendet. Was für ein Fahrwerk! Die Sonne geht unter, ein Wunsch bleibt: Diesen Tag bitte in einer Endlosschleife wiederholen!

Katerstimmung in der Redaktion, als das Monster ein paar Tage darauf wieder Richtung Stuttgart in den Ruhestand unterwegs ist, A9, A81. Vorher noch abkärchern, anschließend parken vor dem Museum. Es war der würdige Abschied eines großen Sportlers.

Das Luftfeder-Fahrwerk lässt sich manuell auf Höhen bis 270 Millimeter Bodenfreiheit arretieren.

Im Innenraum duftet nichts mehr nach Leder und Luxus, dafür riecht es nach reinem Rennsport.

## Die vierte Generation

# Mitsubishi Pajero 3.2 DI-D

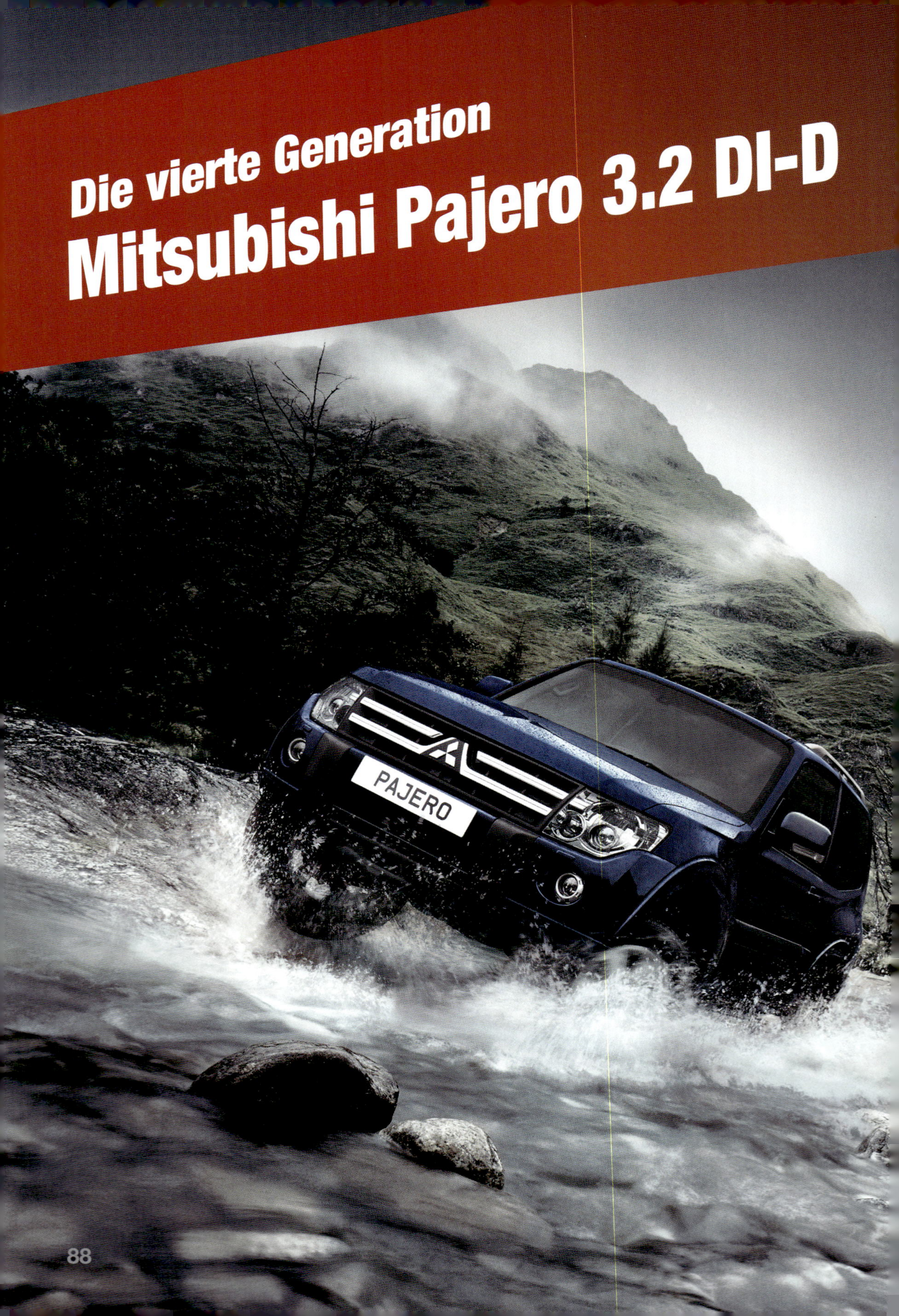

**Der Mitsubishi Pajero machte Karriere als robuster Geländewagen für jedermann und mauserte sich zum komfortablen Alltagsbegleiter. Auch nach dem Produktions-Aus bleibt der geländegängige Japaner ein beliebter Klassiker.**

Nach zwölf Dakar-Siegen darf sich der Mitsubishi Pajero mit Fug und Recht als Wüstenkönig bezeichnen lassen. Mit dem so genannten Evo-Pajero, einem reinrassigen Renngerät, hatten die Serienmodelle – natürlich! – nur entfernte Ähnlichkeit in der Karosserieform. Dennoch: Der Erfolg strahlte ab, und Erkenntnisse aus der härtesten Wüstenrallye der Welt flossen auch in die Weiterentwicklung des Klassikers ein.

War der erste L040-Pajero noch ein recht urwüchsiger Geselle mit Leiterrahmen, hinterer Starrachse und Blattfedern, hielt im Laufe der Jahre immer mehr moderne Technik Einzug. Als Testmodell diente der V80 nach seinem Facelift, wie er 2009 bei den Händlern in Deutschland stand. Formal unterscheidet er sich nicht sehr vom Vorgänger, zeigt aber mit größeren Scheinwerfern und eleganterem Grill mehr Charaktergesicht. Auch das Technik-Layout, nochmals überarbeitet und neu abgestimmt, entstammt den vorherigen Modellen. Statt eines Leiterrahmens bewegt sich der große Mitsubishi mit einem in die Karosserie integrierten Hilfsrahmensystem, das bei hoher Stabilität einen niedrigen Schwerpunkt ermöglichen soll. Die Räder sind einzeln aufgehängt, vorn an Doppel-Dreieckslenkern, hinten in Mehrlenkerausführung, und stützen sich auf Schraubenfedern.

## Der Allradantrieb überzeugt weiterhin

Beibehalten wurde auch der Rundum-Sorglos-Allrad: Wer partout auf den Vorteil vier angetriebener Räder verzichten möchte, kann den Pajero

Der Allradantrieb überzeugt. Wer aber partout auf den Vorteil vier angetriebener Räder verzichten möchte, kann den Pajero theoretisch sein Leben lang als Hecktriebler bewegen.

theoretisch sein Leben lang als Hecktriebler bewegen – verpasst damit allerdings auch den meisten Spaß. Variante zwei ist der Permanent-Allrad mit offenem Verteilergetriebe. Kein Pseudo-Ölpumpen-Allrad, der irgendwann auch die zweite Achse mitschleppt, sondern allzeit bereit. Unterstützt von einer Visko-Kupplung, die selbsttätig eingreift, wenn die serienmäßige 33:67-Kraftverteilung gerade unpassend sein sollte. Variante drei: Straßenallrad mit gesperrtem Verteilergetriebe und starrer Kraftverteilung. Version vier, und hier gibt es angesichts der modernen Konkurrenz kurzen Szenenapplaus: Untersetzung, starr verblockt 50:50. Gäbe es jetzt auch noch die Möglichkeit, ohne gesperrtes Mitteldifferential in der Untersetzung zu rangieren, würden Gespannfahrer dem kleinen Allrad-Schalthebel überglücklich zuwinken. Aber wir wollen nicht undankbar sein: Schließlich findet sich ein kleiner, aber wichtiger Druckknopf an der Mittelkonsole: Hinterachssperre, mechanisch, 100 Prozent, serienmäßig.

### *Im Wasserbecken zeigen sich die Schwächen des Pajero*

Gerade für ein Auto, unter dessen Marke solche Rallye-Erfolge gefeiert werden, dürfte die simulierte Wüstenetappe unserer Lockersand-Strecke keine großen Probleme aufwerfen. Trotz nicht unbedingt überschwänglichen Temperaments: Probleme hatte der Zweieinhalb-Tonner dort tatsächlich nicht. Eine Aussage, die für die Kneipp-Kur im Wasserbecken nicht ganz gelten kann. Hier sollte entweder die werkseitig freigegebene Höhe der Wattiefe überdacht oder aber der Pajero im Detail überarbeitet werden. Kein Käufer legt Wert darauf, sich nasse Füße zu holen, schon gar nicht in einem 50.000-Euro-Auto. Zurück auf dem Trockenen ging es auf die Zielgerade des Testprogramms. Genauer gesagt, in den Zielslalom. Denn beim Kurven zwischen eng stehenden Bäumen und noch enger gesteckten Trialtoren galt es, mit dem 4,90 Meter langen und fast 1,90 Meter breiten Brummer nicht wie der Elefant im Porzellanladen zu enden. Zumindest fahrerisch eine Herausforderung.

### *Der Pajero ist bereit für die Weiten Afrikas*

Der Einfluss des Piloten auf das Ergebnis der letzten Etappe im Supertest ist dagegen zweitrangig, die Performance muss vom Auto kommen. Beim Pajero in Form fleißiger Helfer, denn neben zwei Sperren ist auch noch eine elektronische Traktionskontrolle am Werk. Die durfte in der Abschlussprüfung am Sandhang zeigen, was sie kann. Schließlich will man nicht nur den Dakar-Piloten im Fernsehen zuschauen, wie sie durch die

Dünen knallen, sondern auch selbst zumindest theoretisch in der Lage sein, die Weiten Afrikas zu erleben. Wir fanden heraus: Pajero-Fans können beruhigt ihre Khakihosen anziehen und schon mal mit dem Finger auf der Karte die Traumtour durch die Sahara fahren: Der Wagen dürfte sie problemlos durchbringen.

Formal unterscheidet er sich nicht sehr vom Vorgänger, zeigt aber mit grösseren Scheinwerfern und eleganterem Grill mehr Charaktergesicht.

## Die Supertest-Wertungen

### Unterboden

Leichtes Unbehagen beim Anblick der freien Verkabelung für die elektrische Verteilergetriebesteuerung, das ist allerdings der einzige echte Schwachpunkt. Ansonsten ist im Tiefgeschoss alles sauber aufgeräumt und vorbildlich verpackt. Die sehr stabil konstruierte Achsaufhängung flößt Vertrauen für viele Pistenkilometer ein. Ausgezeichnet ist eine dicke und massive hintere Quertraverse, an der die beiden Schleppösen montiert sind. Das Getriebe ist durch ein stabiles Stahlblech geschützt, der seitlich montierte Tank sitzt ebenfalls in einem schützenden Gehäuse. Unter dem Motor ist ein Mix aus Kunststoff und Blech (an der empfindlicheren Front) montiert, auch das ist ordentlich gelöst. Die Blechwanne im Heck beherbergt die Zusatzsitze und trägt nicht sonderlich auf, den hinteren Böschungswinkel beeinträchtigt sie jedenfalls nicht spürbar. Ausgerechnet die Auspuffanlage limitiert den Rampenwinkel und markiert in Wagenmitte den tiefsten Punkt des Autos.

Der Vierzyliner unseres Testwagens erfordert Mumm im unteren Drehzahlbereich. Alternative: auf V6 aufrüsten.

### Verschränkung

Über die erste Sektion in der Verwindungsbahn hastet der Pajero geradezu im Eiltempo, ohne dass man wirklich etwas davon mitbekommt – keine Mühe, kein Problem. Etwas kniffliger wird es in Teil zwei. Die Verschränkung ist nicht überragend, es kippelt deutlich, speziell die Vorder-

Der geräumige Offroader verkaufte sich vor allem in der Langversion, die auch als Siebensitzer zu haben ist.

VARIANTE ZWEI IST DER PERMANENT-ALLRAD MIT OFFENEM VERTEILERGETRIEBE ...

VARIANTE DREI: STRASSENALLRAD MIT GESPERRTEM VERTEILERGETRIEBE UND STARRER KRAFTVERTEILUNG.

VERSION VIER (HIER GIBT ES ANGESICHTS DER KONKURRENZ SZENENAPPLAUS): UNTERSETZUNG, STARR VERBLOCKT 50:50.

achse bietet zu wenig Federweg für diese Übung. Die Traktionskontrolle arbeitet erst mit kräftigem Radschlupf und entsprechend viel Gas, mit der zugeschalteten hinteren Sperre geht es besser. Die »Schicksals-Kuppe« schafft er nicht ganz, obwohl die Trittbretter demontiert sind, aber das ist Jammern auf hohem Niveau: Insgesamt ist die Freigängigkeit erfreulich, die Böschungswinkel sind sogar ausgezeichnet.

### *FAHRWERK*

Wir vermuteten bereits auf einer spontan eingeschobenen flotten Fahrt über eine rüde Rüttelpiste, dass der Pajero im Geröllhang eine gute Figur machen würde. Mit den diversen zu überkletternden Stufen ist die Einzelradaufhängung mit Schraubenfedern vor keine unlösbare Aufgabe gestellt. Besser als frühere Pajero mit der unsensiblen Drehstabfederung an der Vorderachse macht der jüngere V80 seine Arbeit. Erfreulicherweise ist es ihm auch ganz egal, ob man den Hang in Schneckentempo oder rallyemäßig im Galopp nimmt – er schluckt das. Bei der Bergabfahrt verliert ein Rad für einen ganz kurzen Augenblick den Bodenkontakt, das ist aber schnell vergessen. Wegen der nicht ansprechenden Bergabfahrkontrolle wird behutsam mitgebremst. Dank der Automatik lässt sich gemütlich im Hang anhalten und dann in Zeitlupe wieder anfahren. Auffällig: Die Sperre wird nicht gebraucht, noch nicht einmal das Display der Traktionskontrolle meldet sich mit einem Arbeitsbericht.

### *STEIGFÄHIGKEIT*

Der Pajero-Diesel ist eine Wucht. So wie es sein soll, liefert er von Beginn an kräftig Vorschub und schubst den Zweieinhalb-Tonner völlig unbeeindruckt selbst die steilste Bahn hinauf. 1.500 Umdrehungen in der Untersetzung genügen ihm, um dem Gipfel entgegenzustreben. Das Anfahren in der 65-Prozent-Steigung: ein Kinderspiel. Umgekehrt ist jedoch nicht alles in Butter. Die Bergabfahrkontrolle EBAC (Engine Brake Assist Control) reagiert nur, wenn mindestens ein Rad den Bodenkontakt verliert. Ansonsten greift sie nicht ein und überlässt der Motorbremse sämtliche Verzö-

Treffen der Generationen: Mit dem PX (im Hintergrund) legte Mitsubishi in den 1930er-Jahren den Grundstein für den Pajero. 2021 zogen die Japaner einen Schlussstrich unter die bis dato erfolgreiche Baureihenfamilie.

Aus Europa war der Geländewagen-Klassiker bereits 2018 verschwunden, 2019 wurde auch der Japan-Vetrieb eingestellt. 2021 verkündete der japanische Auto-Bauer schliesslich das endgültige Aus.

Hier sollte entweder die werkseitig freigegebene Höhe der Wattiefe überdacht oder aber der Pajero im Detail überarbeitet werden. Kein Käufer legt Wert darauf, sich nasse Füsse zu holen.

gerung. Schade, denn durch die lange Gesamtübersetzung selbst in der Geländestufe wird der Pajero bergab zu schnell. Schon bei der 30-Prozent-Bahn nimmt er Fahrt auf. Behutsames Mitbremsen fängt ihn ein. Kein Thema für geübte Fahrer, Anfänger könnten allerdings in Schwierigkeiten geraten, wenn sie panisch überbremsen.

### Handling

Das ESP lässt sich abschalten, und es bleibt auch im Off, wenn flott die Hüften geschwungen werden. Das Antriebssystem liefert eine glänzende Performance, am effektivsten surft es sich im Straßenallrad-Modus ohne Mittelsperre. Leider hinkt die Motorleistung den Möglichkeiten von Fahrwerk und Antriebsstrang hinterher. Der aus dem Keller bärig antretende Großkolbendiesel hat obenrum nur wenig zu bieten, flaut schon im zweiten Gang spürbar ab. Die zugeschaltete Untersetzung ist nur zweitbeste Alternative, weil damit auch das Verteilergetriebe gesperrt wird, was besonders bei flotter Dünenfahrt nicht immer optimal ist. Der Aufbau des schweren Wagens neigt sich in stramm genommenen Kurven spürbar, aber nicht bedenklich zur Seite – 2,5 Tonnen fordern Tribut.

### Wat-Verhalten

70 Zentimeter gibt Mitsubishi für den Pajero frei. Seiner Technik macht das tatsächlich nichts aus. Der Luftansaugtrichter weit vorn unter der Haube ist durch einen breiten Schaumstoffstreifen im Kühlerbereich wirkungsvoll vor Schwallwasser geschützt und bleibt auch vorbildlich trocken. Ganz anders weiter hinten: Trotz lehrbuchmäßiger Durchfahrt mit leichter Bugwelle ist der Innenraum nicht sicher genug vor eindringendem Wasser. Bei der im Testschema vorgesehenen kurzen Stehprobe dringt eine wahre Flut zwischen den Türdichtungen hindurch und setzt den Fußraum von Fahrer und Beifahrer unter Wasser. Die Technik nimmt keinen Schaden, die Trocknung dauert allerdings ihre Zeit. Offenbar sind 70 Zentimeter doch zu viel.

### Übersichtlichkeit / Wendigkeit

Es gehört eine Spur Masochismus dazu, mit dem fast fünf Meter langen Lulatsch zum Stangenslalom anzutreten. Die bauchige Form der Kotflügel erschwert es etwas, die Seitenlinie einzuschätzen. Deren Ränder sollte man stets im Blick haben, denn sie markieren gleichzeitig die Breite der Achse – wenn man mit der Tür berührungsfrei an einem Baum entlanggekommen ist, heißt das noch lange nicht, dass auch die Räder vorbeipassen. Die steil nach vorn abfallende Haube verlangt viel Phantasie, um mit minimalem Abstand an den Hindernissen vorbeigezirkelt zu werden. Dafür geht der Wendekreis für ein derart großes Auto absolut in Ordnung. Prima: die Heckkamera.

### Traktion

Schweres Auto, tiefer Sand – keine ideale Kombination. Vor allem, wenn wie beim Pajero ein Motor unter der Haube steckt, der auf Mumm im unteren Drehzahlbereich setzt. Der Pajero kommt beim Anfahren zunächst etwas angestrengt auf Tempo. Wer versucht, mit der Untersetzung zusätzlich Drehmoment an die Räder zu bekommen, riskiert speziell im Tiefsand eventuelles Eingraben, weil der Pajero dann sehr ruckartig und plötzlich auf Gaspedalbefehle reagiert. Hat er jedoch erst einmal Fahrt aufgenommen, geht es dagegen ziemlich problemlos voran, an Vortrieb mangelt es nicht. Das hohe Gewicht merkt man allerdings auch bei der Lenkstabilität. Richtungsänderungen setzt der Mitsubishi erst zeitverzögert, dann aber stur um, will anschließend wieder mit Nachdruck auf den ursprünglichen Kurs gebracht werden. Für häufigen Einsatz auf tiefem Untergrund sollte man über die Umrüstung auf traktionsstärkere Reifen nachdenken, M/T (Mud Terrain) wären in diesem Fall eine gute Wahl.

### Antriebssystem

Auf dem zentralen Info-Display meldet der Steuercomputer der Traktionskontrolle eifrig, was er da gerade so alles veranstaltet. Abwechselnd blinken die einzelnen Räder-Symbole und signalisieren, wo aktuell abgebremst wird. Das funktioniert ausgezeichnet und effektiv. Selbst den Här-

Die Verschränkung ist nicht überragend, es kippelt deutlich, speziell die Vorderachse bietet zu wenig Federweg für diese Übung.

Immerhin: Das Anfahren ist selbst in der 65-Prozent-Steigung ein Kinderspiel.

tetest, das Anfahren im lockeren Sandhang, besteht der Pajero problemfrei. Man muss nur ein bisschen Geduld mitbringen und darf nur nicht den Mut verlieren: Im Zeitlupentempo, Zentimeter für Zentimeter, wühlt sich der Japaner bergauf, stecken bleibt er aber nie. Trotz permanentem Vollgas und abgeschaltetem ESP reduziert der Einspritzcomputer kurz die Leistung, gibt sie dann wieder komplett frei, um im nächsten Moment wieder abzuregeln. Mit beständig kraftvollem Wühlen wäre die Prüfung wahrscheinlich etwas schneller abgehakt gewesen. Wie gut die Traktionskontrolle wirkt, zeigt eine Vergleichsfahrt mit Hinterachssperre: Auch nicht besser oder schneller als mit Elektronikhilfe.

### MITSUBISHI PAJERO 3.2 DI-D 4WD INSTYLE

| | |
|---|---|
| *Grundpreis* | ca. 15.000 Euro |
| *Außenmaße* | 4900 x 1875 x 1870 mm |
| *Kofferraumvolumen* | 215 bis 1789 l |
| *Hubraum / Motor* | 3200 cm³ / 4-Zylinder |
| *Leistung* | 125 kW / 170 PS bei 3800 U/min |
| *Höchstgeschwindigkeit* | 177 km/h |
| *0-100 km/h* | 13,6 s |
| *Verbrauch* | 10,6 l/100 km |
| *Testverbrauch* | 12,4 l/100 km |

### FAZIT

In vielen Disziplinen arbeitete der Pajero besser, als wir zunächst vermutet hatten.
Das verdankt er drei Faktoren: Dem sauber abgestimmten Fahrwerk, dem wirklich guten Allradkonzept mit einer sehr professionell regelnden Traktionskontrolle und dem bärigen Diesel, der vor allem von unten raus marschiert, als wäre er einem schweren Radlader entnommen. Schade, dass die Bergabfahrkontrolle durch ihre ungewöhnliche Programmierung im normalen Geländeeinsatz nicht eingreift, gerade das Automatikmodell könnte elektronische Hilfe brauchen. Unverständlich bleibt, warum der V80 nicht ganz dicht ist. Ohne diese beiden „Patzer" wäre die Punktzahl erheblich höher ausgefallen. Den Supertest hat der Pajero dennoch bestanden.

AUF DEM INFO-DISPLAY MELDET SICH DER STEUERCOMPUTER DER TRAKTIONSKONTROLLE.

DAS KLASSISCHE AMBIENTE KOMMT OHNE GROSSE SHOWEFFEKTE AUS UND WIRKT DENNOCH HOCHWERTIG.

Mit dem Pajero suchten die Japaner auch ihre Dakar-Ambitionen zu erfüllen. Insgesamt zwölf Siege konnte Mitsubishi auf der Wüsten-Rallye herausfahren, hier Stéphane Peterhansels Siegerauto von 2007.

Das ESP lässt sich abschalten, und es bleibt auch im Off, wenn flott die Hüften geschwungen werden. Leider hinkt die Motorleistung den Möglichkeiten von Fahrwerk und Antriebsstrang hinterher.

## Billig-Offroader im Härtetest?

# Dacia Duster dci 110 4x4

## *Mit dem Duster kämpft Dacia gegen SUV-Statussymbole. Doch billig alleine reicht nicht. Ist der Günstig-Geländewagen auch heute noch eine Alternative?*

Eines vorweg: Supergünstig ist der Dacia Duster nur als Benziner-Basismodell. Unser Testmodell, der 110PS-Diesel mit Allrad kostete in der vergleichsweise edlen Prestige-Ausführung neu 18.490 Euro, glänzt dafür aber immerhin mit Lederausstattung, Leichtmetallrädern und Radio. Aufpreisextras sind bei Dacia andernorts selbstverständliche Dinge wie ein Ersatzrad oder das sehr empfehlenswerte ESP, das gleichzeitig auch eine elektronische Traktionskontrolle für den Geländebetrieb bereitstellt. Mit der sinnvollen Komplettausstattung unseres Testwagens wurde damit knapp das Doppelte des damaligen Einstiegspreises fällig.

### *Viel Platz und ordentliche Verarbeitung*

Im Prestige-Trim mit Metallic-Lack (ebenfalls aufpreispflichtig) macht der Duster durchaus etwas her, die schwungvoll und ausladend modellierte Karosserie weckt keine Billig-Assoziationen. Auch im Innenraum lässt es sich aushalten. Die höhenverstellbaren Vordersitze erlauben eine gut angepasste Position, Instrumentierung und Bedienungshebel des Dacia Duster lassen, mit Ausnahme des französisch im Blinkerhebel versteckten Hupenknopfs, keine Verwirrung aufkommen. Die Verarbeitung geht in Ordnung, die lackierten Zierteile sehen sogar ein bisschen edel aus. Mit welch spitzem Stift bei der Fertigung des Dacia Duster kalkuliert wird, merkt man allerdings an den verwendeten Materialien und lieblosen Details wie der labberigen Laderaumabdeckung aus Stoff oder der handgetackerten Bespannung des Laderaum-Zwischenbodens.

Die Bodenfreiheit des Duster ist prinzipiell in Ordnung, der Motor-Unterfahrschutz markiert die tiefste Stelle unter dem Auto. Unter dem Motor befindet sich immerhin eine robuste Blechplatte.

Für seine Klasse bietet der Dacia Duster erstaunlich viel Raum. Das gilt für das gesamte Fahrzeug – auf der Rücksitzbank reisen auch Erwachsene kommod und das Gepäckabteil ist sehr anständig dimensioniert. 94 Zentimeter Länge bei aufgestellten Rücksitzen, stolze 1,72 Meter bei umgelegten Lehnen – respektabel. Einzige Ausnahme ist die Innenbreite, bei der die Kompaktklasse grüßen lässt.

## Der Renault-Diesel passt gut zum Dacia Duster

Der Renault-Diesel ist eine gute Wahl für den Dacia Duster. Er arbeitet erstaunlich kultiviert und geht durchaus mit Nachdruck zur Sache – sobald er seine leichte Anfahrschwäche überwunden hat. Etwas ungewöhnlich ist allerdings die Getriebeabstufung. In Ermangelung einer Untersetzung hat Dacia den ersten Gang des Duster mit 4,5:1 sehr kurz übersetzt, der Sprung zum zweiten ist sehr lang. So entwickelt sich eine ziemlich hektische Schalterei, um das Auto erst einmal in Fahrt zu bekommen, ab 40-50 km/h entspannt sich die Lage und es kann auf das Drehmoment des Dieselmotors gesetzt werden.

Überraschend gut fällt der Federungskomfort des rumänischen SUV aus. Vom Feldweg bis zur Querfugen-gespickten Autobahn schluckt das Fahrwerk des Dacia Duster freudig alles, was kommt. Komfortabel, aber wenig kurvengierig: die Lenkung lässt Direktheit und Zielgenauigkeit vermissen, der Dacia Duster ist ein Cruiser, keine Rennsemmel.

Die kurze Getriebeübersetzung macht den Dacia Duster ziemlich spontan. Im fünften der sechs Gänge beschleunigt er immerhin binnen 11,0 Sekunden von 80 auf 120 km/h. Den Spurt auf 100 km/h hakt er in 12,5 Sekunden ab. Das sind Werte, die in dieser Klasse aller Ehren wert sind.

### Der Dacia Duster dCi 110 ist richtig sparsam

Die schönste Alltags-Seite des Duster ist allerdings sein Geiz – nicht nur beim Kaufpreis. Denn auch der Verbrauch des Diesel-4x4 ist mustergültig. Bei besonnener Fahrweise macht es keine Mühe, eine Fünf vor dem Komma zu erreichen, der Testverbrauch von 6,2 Liter fällt entsprechend erfreulich aus. Noch besser: selbst bei Dauervollgas wird der Dacia Duster nicht zum Säufer, auch mit schwerem Fuß auf der Autobahn lassen sich nicht mehr als zehn Liter pro 100 Kilometer durch die Einspritzdüsen quetschen.

Und auf die Autobahn darf man sich durchaus wagen, denn mit gemessenen 174 km/h Höchstgeschwindigkeit ist der Dacia Duster für jede Distanz gerüstet. Bei etwas Rücksicht auf den Motor lässt man es allerdings bei maximal 160 km/h bewenden, schon bei diesem Tempo erreicht er seine Nenndrehzahl von 4.000 Umdrehungen – und treibt das Innengeräusch auf 80 Dezibel.

Den Alltags-Einsatz meistert der Dacia Duster sehr entspannt. Bleibt die Frage, wie sich der preiswerte Osteuropäer schlägt, wenn man ihn im Gelände hart ran nimmt.

## Die Supertest-Wertungen

### Unterboden

Die silberfarbene Plastikschürze unter dem tiefen Kühler ist nur Dekor. Umso kräftiger ist der Blech-Unterfahrschutz, der Motor und Getriebe vor Gemeinheiten behütet. Der sehr tief unter den restlichen Komponenten schlängelnde Auspuff mit dem tief und quer hängenden Endtopf wirkt wie nachträglich angebastelt – zumindest unter Geländewagen-Gesichtspunkten. Dafür sieht die Materialqualität sehr proper aus. Ein bisschen kümmerlich wirkt die Dimensionierung der hinteren Achslenker und Antriebswellen, die schon sehr filigran und zerbrechlich daherkommen. Auf der Beifahrerseite ist das Handbremskabel ungeschickt am Achsträger verlegt, hochstehende Äste freuen sich über so etwas. Wir freuen uns dagegen über die

stabilen und gut zugänglichen Bergeösen an Front und Heck, an die man auch im tiefen Schlamm noch problemfrei herankommt. So und nicht mit diesen unsäglichen Einschraub-Ösen für Hochglanz-Stoßfänger muss das gelöst werden!

### Verschränkung

Bahn 1 des Verschränkungsmoduls durchmisst der Duster noch ohne großes Dazutun, im Standgas und damit eine gute Spur zu schnell - da fehlt die Untersetzung dann doch. Die zweite Bahn lässt sich nur mit viel Gefühl und Kupplung bewältigen. Die Traktionskontrolle arbeitet nur unterdurchschnittlich und bringt bei einem frei rotierenden Rad nicht viel. An einer Schlüsselstelle, wo für den Skoda Yeti bereits frühzeitig Schluss war, kommt der Duster um Haaresbreite durch, ohne mit der Nase aufzusetzen.

Die einfachere Mittellinie schafft er mit weit ausgehebelten Rädern, setzt dabei zwei Mal leicht mit dem Unterboden auf – Schuld ist die weiche Federung, mit der sich die Bodenfreiheit beim Einfedern spürbar reduziert. Die harte linke Spur der Verschränkungsbahn mit den extremen Amplituden ist bei einem Rampenwinkel von 23 Grad nicht machbar. Obwohl die Verschränkung mit 130 Millimetern eines Geländewagens unwürdig ist, lässt sich diese Übung dennoch mit etwas Gefühl problemlos fahren.

Die eigentliche Überraschung brachte der obligatorische Karosserie-Check. Was sich bereits bei der knarzfreien Durchfahrt ankündigte: alle Türen, auch die große Heckklappe, öffnen und schließen selbst bei weit abgehobenem Rad mustergültig, die Karosserie verwindet sich kaum. Soviel Steifheit würde man manchem dreimal so teuren Luxus-SUV wünschen!

### Fahrwerk

So komfortabel das Fahrwerk auf der Straße auch ist, im Geröllhang mit den kurzen Impulsen kommt es spürbar an seine Grenzen. Die Räder können nicht ordentlich am Boden gehalten werden. Weil die Motorbremse nicht reicht, muss mitgebremst werden. Und das bringt das ABS bei den hüpfenden Rädern in den Regelmodus, der Duster stürzt sich bergab ins Getümmel. Keine ungefährliche Situation, wenn die Abfahrt im Gelände ebenso holperig, aber steiler und länger als unser Testmodul ist. Die einzige Möglichkeit wäre, bei solchen kniffeligen Aufgaben das ABS lahm zu legen, indem man die entsprechende Sicherung entfernt.

Anfahren im Geröllhang ist ebenfalls kaum möglich – zumindest nicht mit Gefühl, dafür fehlt

dem Motor die Kraft im untersten Drehzahlbereich. Nur mit viel Krawall und wenig materialschonend gelingt dies. Mit leichtem Schwung geht es besser, doch auch bergauf zeigt das Fahrwerk die bereits bergab festgestellten Schwächen und gerät ins Hüpfen und Springen.

### Steigfähigkeit

Ein etwas mulmiges Gefühl stellt sich schon ein, wenn man mit dem Duster vor der 65-Prozent-Steigungsbahn steht. Schließlich hat der Renault-Diesel bereits zuvor klar gemacht, dass ihm unmittelbar nach dem Anfahren die Puste fehlt. Keine ideale Ausgangssituation, um kontrolliert und mit mäßigem Tempo den Berg zu entern. Also wird die Auffahrt etwas beschleunigt und gelingt ohne Probleme. Anfahren in der steilsten Steigung kann man dagegen vergessen. Die Handbremse hält nicht und selbst bei akrobatischer gleichzeitiger Bedienung von Gas und Bremse mit einem Fuß gelingt es nicht, genügend Power freizusetzen. Das gleiche Bild bei der 55-Prozenz-Steigung. Und auch für die Handbremse ist das noch zu steil, der Duster rutscht. Erst bei 45 Prozent gelingt das Anfahren im Hang.

Bergab fehlt dem Duster eine Untersetzung. Trotz des verhältnismäßig kurzen ersten Gangs reicht die Motorbremse nur für 20 Prozent Gefälle, schon bei 25 Prozent nimmt er langsam, aber stetig Fahrt auf. Mitbremsen ist angesagt, was wegen des eifrigen ABS eine ganz eigene Spannung ins Spiel bringt.

Ein skurriler Fehler stellt sich bei der Bergauffahrt heraus: Ab 25 Prozent Steigung beginnt der Duster, den Scheibenwasserbehälter über die hintere Scheibendüse zu entleeren. Das ist auf jeden Fall extravagant.

## Handling

ESP aus heißt ESP aus. Keine Diskussionen mit versteckten Wachtmeistern, die sich ins Geschehen drängen. Und so lässt sich auf der Lockersandstrecke unbeschwert surfen. Allerdings ist das Handling des Duster etwas schwerfällig. Die Lenkung reagiert indirekt und verzögert, das ganze Auto funktioniert in dieser Disziplin wie in Zeitlupe. Erst kommt lange nichts, dann schwenkt der Duster hecklastig übersteuernd herum. Interessant. Die Kraft reicht für diese Übung völlig, damit würden wir uns durchaus auch auf eine ausgedehnte Nordafrika-Tour trauen. Aufbaubewegung findet zwar statt, durch die tapsige Reaktion auf flinke Fahrbefehle gelingt es aber kaum, den Duster wirklich aufzuschaukeln.

## Wat-Verhalten

Mit lediglich 35 Zentimeter freigegebener Wattiefe reicht das Wasser dem Duster gerade mal an den Schweller. Ein bisschen mehr würden wir ihm durchaus zutrauen, dicht bleibt bei diesem Pegel jedenfalls alles. Auch die Leuchten bleiben beschlagfrei.

Dass man es nicht übertreiben sollte, zeigt ein Blick in den Motorraum. Die Luftansaugung liegt offen hinter dem Kühler, geschützt lediglich durch ein kleines hinter dem Ansaugschnorchel liegendes Schwallblech. Bis zu 50 Zentimeter sollten mit dem Duster durchaus möglich sein, allerdings nur bei sehr behutsamer Fahrweise. Der positive Nebeneffekt der offenen Zuluft-Führung: Wer es darauf anlegt, kann hier einfach und schnell eine Ansaughöherlegung realisieren. Die Lichtmaschine liegt in mittlerer Höhe am quer eingebauten Motor, der elektrische Lüfter ließe sich nötigenfalls mit einem Schalter ausrüsten.

### Übersichtlichkeit / Wendigkeit

Mit 4,3 Meter Länge und 1,8 Meter Breite bringt der Duster eigentlich gute Voraussetzungen mit, um fröhlich durch enge Wälder zu zirkeln. Der kleine Wendekreis passt ebenfalls für solche Disziplinen. Nicht ganz so gut ist es allerdings um die Übersichtlichkeit bestellt. Die überbreite D-Säule schränkt in Verbindung mit dem kleinen Heckfenster die Sicht nach hinten kräftig ein. Nicht frei von Tücke: die bauchigen Radhausverbreiterungen, die sich nur schwer einschätzen lassen. Gleiches gilt für die runde Front, die von innen nur nach einiger Eingewöhnung zentimetergenau an Hindernisse herangeführt werden kann. Von Spiegelkante zu Spiegelkante misst der Duster exakt zwei Meter Breite, die Breite unserer Trial-Tore stellt ihn daher vor keine Probleme. Für behutsames Fahren würde man sich dennoch eine Untersetzung wünschen, denn der unten herum etwas lustlose Diesel verlangt beim Rangieren nach einiger Drehzahl. Im schwierigen Gelände bei engen Verhältnissen würde sich dieses Problem sehr viel deutlicher stellen.

### Traktion

Im tiefen Sandbecken kann der Duster eigentlich ganz gut vorlegen. Das gilt allerdings nur, solange man etwas Schwung mit in die Passage bringt. Dann gräbt er sich wacker durch. Beim Anfahren im tiefen Sand muss die Kupplung strapaziert werden, um den Motor auf leistungsgerechte Drehzahl zu bringen, sonst steht zu wenig Kraft zur Verfügung. Das steckt sie zwar ohne Geruchsbelästigung weg, allzu oft sollte man so etwas dennoch nicht wiederholen. Die Bodenfreiheit ist ausreichend, um dem Sandbecken nicht tiefschürfend auf den Grund zu gehen. Eine insgesamt passable Vorführung.

### Antriebssystem

Das Antriebssystem des Duster stammt von Nissan. Über einen Drehschalter lassen sich die Modi Frontanrieb, Automatik-Allrad und Allrad mit gesperrter Kraftverteilung aufrufen. Der Automatik-Allrad stellte sich im Test aber als nicht ganz so clever heraus. Es dauert eine kurze Zeit, bis sich die Hinterachse gut spürbar mit einem leichten Ruck am Vortrieb beteiligt. Ein Verhalten, das man sich im Straßeneinsatz auf glattem Untergrund eigentlich nicht wünscht. Zumindest im Gelände stellt sich das Problem dank der Sperrfunktion nicht, damit wird die Kraft fix zwischen beiden Achsen aufgeteilt. Mit dieser Funktion kann man leben, zumal die automatische Abschaltung der Sperre erst bei rund 80 km/h vorgenommen wird. Das reicht für alle Gelände-Situationen.

Mit dem Anfahren im Sandhang tut sich der Duster sehr schwer. Mit schleifender Kupplung und viel Gas muss er ins Wühlen gebracht werden, dann fräst er sich langsam den Tiefsand-Hügel hinauf. Von der elektronischen Traktionskontrolle ist wenig zu sehen und zu spüren, deren behutsame Regelung hatte sich schon in anderen Sektionen gezeigt. Ein wenig Schwung entschärft die Situation, dann ist der Dieselmotor auch in einem Drehzahlbereich, in dem er Lust auf Arbeit hat. Der Untergrund für den Dacia Duster darf also auch gerne tiefer sein, wenn man ihn mit fröhlichem Tempo angeht.

## Fazit

Was sich bereits bei den ersten Testfahrten abzeichnete, hat sich in unserem Supertest-Gelände bestätigt: Der Dacia Duster dCi 110 FAP 4x4 ist auch für den Offroad-Einsatz zu gebrauchen. Uneingeschränkte Alltags- und Fernreisetauglichkeit kombiniert er dank passabler Überhänge, geringem Gewicht, ausreichend Bodenfreiheit und einem prinzipiell kraftvollen Motor mit einer für seine Klasse durchaus ansehnlichen Vorstellung.

Negativ fällt der im niedrigen Drehzahlbereich schlappe Diesel auf, der eine verschleißfördernde Fahrweise bedingt, wenn der Untergrund tief wird und kaum Anlauf zur Verfügung steht. Was der Duster in jedem Fall gut gebrauchen könnte, ist eine Bergabfahrhilfe. Diese ließe sich trotz der spitz kalkulierten Produktionskosten für kleines Geld in das bereits vorhandene ESP/TC-System integrieren. Ohne eine solche Hilfe sollte man alleine schon wegen des tückisch reagierenden ABS von extremen Steilabfahrten im Gelände Abstand halten.

Die Konkurrenz im unteren Preissegment dürfte es künftig jedenfalls schwer haben. Die Ansprüche der meisten Käufer eines Suzuki Jimny, Daihatsu Terios oder Lada Niva erfüllt der Duster locker, übertrifft sie größtenteils. Selbst Interessenten aus dem höherpreisigen Lager, die sich bislang beispielsweise für einen Skoda Yeti begeistern konnten, dürften mehr als einen Blick auf den Dacia werfen. Denn im Gegensatz zu letzterem hat der Dacia Duster den Supertest bestanden.

## Dacia Duster dCi 110 FAP 4x4 Prestige

| | |
|---|---|
| *Grundpreis* | 10.000 – 12.000 Euro |
| *Außenmaße* | 4315 x 1822 x 1695 mm |
| *Kofferraumvolumen* | 443 bis 1604 l |
| *Hubraum / Motor* | 1461 cm³ / 4-Zylinder |
| *Leistung* | 81 kW / 110 PS bei 4000 U/min |
| *Höchstgeschwindigkeit* | 168 km/h |
| *0-100 km/h* | 11,6 s |
| *Verbrauch* | 5,2 l/100 km |
| *Testverbrauch* | 7,3 l/100 km |

Im Sandhang gerät das Anfahren zum Kraftakt, nur mit viel Kupplungseinsatz gelingt der Start.

## Härteprüfung für die 3. Generation

# Mercedes ML 350 CDI

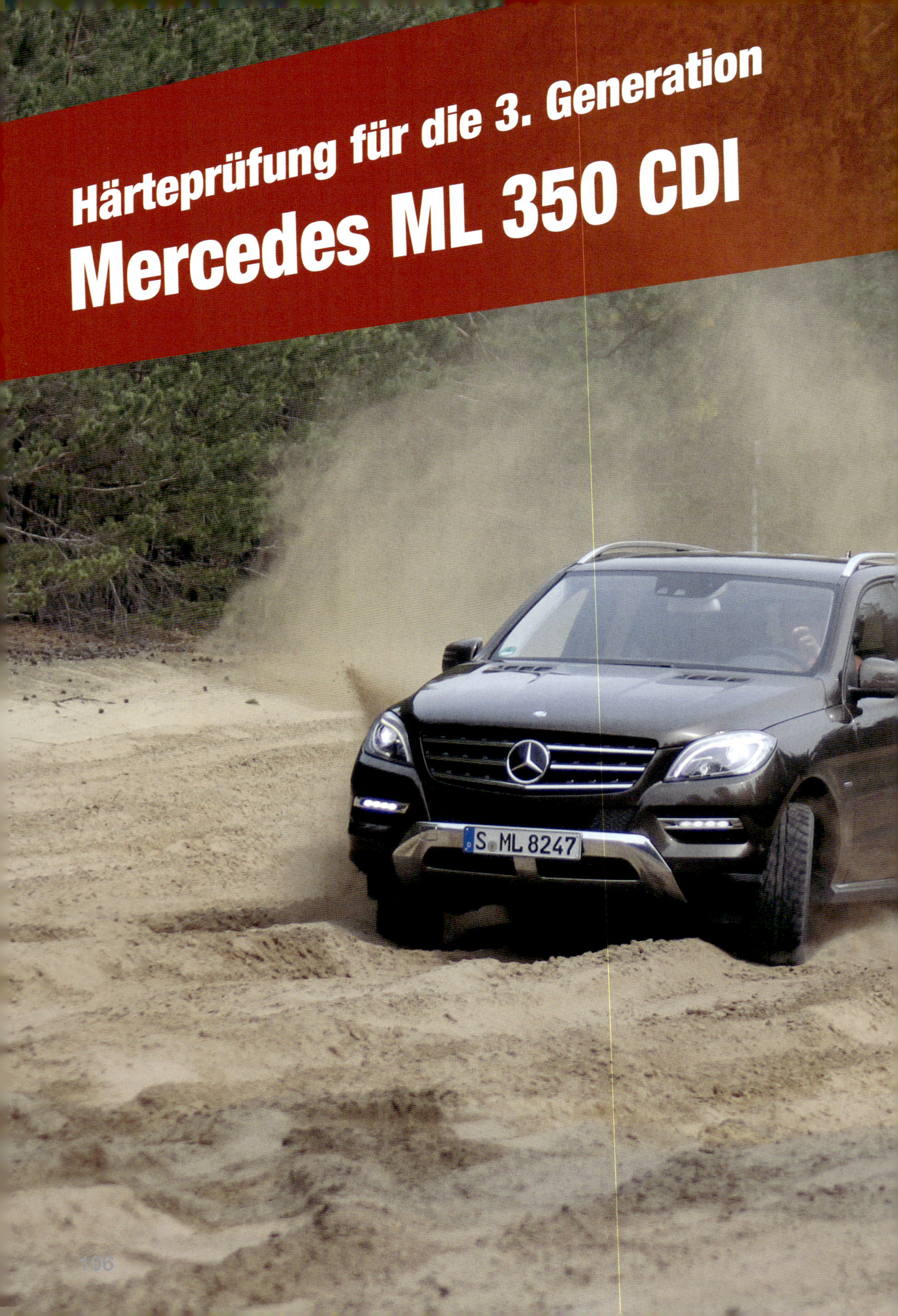

**DER MERCEDES-BENZ ML IST FÜR DIE STUTTGARTER EINE RIESIGE ERFOLGSGESCHICHTE. VON ANFANG AN WICHTIG: DIE GELÄNDETAUGLICHKEIT. GILT DAS AUCH NOCH FÜR DIE VON 2011 BIS 2015 GEBAUTE DRITTE UND LETZTE GENERATION DER M-KLASSE?**

Wenn es um Off-Road-Kompetenz geht, brauchen die Schwaben keine Nachhilfe. Wie man einen guten Geländewagen baut, weiß man bei Mercedes seit vielen Jahrzehnten. Entsprechend motiviert ging man auch an die Entwicklung der Mercedes M-Klasse, die bereits 1997 trotz der soften Karosserie-Optik mit Untersetzung und Traktionshilfe erstaunlich tapfer durchs Gelände wühlte. 2011 ging mit dem W166 die dritte und letzte Generation des Schwaben-Offroaders an den Start, bevor die Nachfolgeplattform V167 schließlich 2018 mit neuer Nomenklatur als GLE auf der Bildfläche erschien.

## MERCEDES ML 350 CDI IM SUPERTEST

In unserem Test trat der Mercedes als ML 350 CDI an. Sein Dreiliter-Diesel mit 258 PS hinterlässt nicht nur im Vergleich mit BMW X5 und Range Rover Sport einen guten Eindruck. Besonders das Thema Reise schreibt er groß: erstaunlich genügsam, sehr durchzugsstark und ausgesprochen leise geht der ML 350 seinem Alltags-Job nach. Die prima funktionierende Start-Stop-Funktion in Verbindung mit der serienmäßigen Siebengang-Automatik kann auch im Stadtverkehr kräftig punkten. Große Touren sind jedoch seine Parade-Disziplin. Gilt das auch abseits aller befestigten Wege?

## MERCEDES ML 350 CDI MIT OFFROAD-PAKET

Neu in dieser Generation ist die Auswahl aus verschiedenen Fahrprogrammen per Drehregler, zwei davon sind für den Offroad-Betrieb reserviert. Manuell betätigt werden kann (bei installiertem Offroad-Paket) außerdem die Fahrwerkshöhe, die Bergabfahrkontrolle und die Schaltung des Untersetzungsgetriebes. Was sich gerade in welchem Programm mit dem Auto abspielt, lässt sich wahlweise im Bordmonitor einblenden – samt stilisiertem Hintergrund je nach Fahrprogramm und Darstellung der Fahrwerks-Arbeit.

## Die Supertest-Wertungen

### Unterboden

Ein Bestandteil des 2.261 Euro teuren Offroad-Pakets ist ein sehr stabiler Unterfahrschutz aus Stahl für den Motor und Kunststoff-Schwellerschützer an der Seite. Dass die Kunststoff-Gleiter überraschend robust sind, haben sie bereits im Mercedes GLK unter Beweis gestellt. Unter dem Getriebe ist ein Querträger verbaut, der ebenfalls vor Beschädigungen schützt. Pkw-mäßig zeigen sich die Einschraubösen für einen Bergehaken, die im Geländeeinsatz nur bedingt praxistauglich sind. Überraschend solide und üppig dimensioniert fallen die Achslenker aus, die Vertrauen auch für ausgedehnte Pistenfahrten erwecken. Die Abgasanlage ragt ganz leicht aus der Unterboden-Silhouette

heraus, im Heckbereich strecken sich Tank und Endtopf dem Boden entgegen. Gut gelöst ist dagegen das versteckt und hochgezogen montierte Endrohr.

### Verschränkung

285 Millimeter Bodenfreiheit in der höchsten Fahrwerksstellung sind ein Wort. Dazu gewinnt die Verschränkung durch die im Offroad-II-Programm entkoppelten Stabis (Sonderausstattung) sicht- und spürbar. Sie liegt mit 200 Millimetern über der des Vorgängers, der bei hochgefahrenem Luftfederfahrwerk extrem unflexibel und staksig reagierte. Ein klarer Fortschritt. Die Überhänge fallen noch relativ ordentlich aus, beim Rampenwinkel muss der ML-Pilot allerdings sehr früh passen.

Auf mehreren Teilen der zweiten Verwindungsbahn muss die »Ausweichroute« gewählt werden. Ausgezeichnet steht es um die Karosseriesteifigkeit, nichts knarzt und knackt, auch bei weit gehobenem Bein lassen sich alle Türen mustergültig öffnen und schließen. Trotz der etwas besseren Verschränkung als beim Vorgänger lupft der Mercedes ML 350 CDI sehr oft. Das läuft

komfortabler ab als beim Vorgängermodell, weil noch Restfederweg zur Verfügung steht, dennoch stellt sich ein etwas gummi-artiges Fahrgefühl auf dem Verwindungsparcours ein. Die Traktionskontrolle möchte bei abgehobenen Rädern mit viel Drehzahl zur passenden Reaktion überredet werden, kontrolliertes und behutsames Fahren fällt schwer.

Die Seitenansicht macht es deutlich: Überhänge fallen noch relativ ordentlich aus, beim Rampenwinkel muss der ML-Pilot allerdings sehr früh passen.

Das ESP der letzten M-Klasse lässt sich per Schalter deaktivieren. Allerdings nur teilweise. Denn so richtig trauen die Entwickler dem Frieden wohl nicht.

## HÄRTEPRÜFUNG FÜR DIE 3. GENERATION

28 Zentimeter Bodenfreiheit bezeichnet leider nicht den Platz unter dem Differential, sondern unter dem gesamten Auto. Entsprechend schnell gibt es eine formschlüssige Verbindung mit dem Untergrund.

Die von Mercedes freigegebenen 60 Zentimeter können wir nicht empfehlen. Der ML schaufelt schon bei geringster Geschwindigkeit eine beachtliche Bugwelle vor sich her, die direkt in Richtung Luftansaugung drückt.

## Fahrwerk

Der gute Eindruck von der Federungsabstimmung verstärkt sich im festen Geröllhang. Das Fahrwerk hält sehr guten Kontakt zum Untergrund, springende Räder gibt es nicht, stattdessen schmiegen sich die AT-Reifen direkt über den holprigen Hang. Der ML läuft auch ohne Bergabfahrkontrolle ganz lässig bergab. Überlässt das Bremsmoment der Untersetzung und macht auf kommodes Reisefahrzeug. Das ähnliche Bild ergibt sich bergauf. Sehr stressfrei kraxelt die M-Klasse ohne Hast den Geröllhang hinauf.

Auch beim Anfahren im Geröllhang kein Haspler oder durchrutschen, ausgezeichnete Traktion. Verworfenen, festen Untergrund kann er gut, zumindest mit der Luftfederung und der darin integrierten adaptiven Dämpfung ADS II. Diese automatische Dämpferanpassung je nach

Fahrsituation ist auch im Gelände ein echter Gewinn. Nicht nur an dieser Stelle jedoch eine eher langwierige Geschichte: die Fahrwerks-Höhenänderung ist ein Geduldsspiel. Bis der ML vom normalem auf dem höchsten Fahrwerkslevel angelangt ist, kann man auch ein Tässchen Kaffee genießen.

## Steigfähigkeit

Sollte im Leben eines ML 350 Bluetec-Fahrers einmal ein wirklich steiler Hang am Horizont dräuen, darf er diesen ohne Umschweife entern. Es ist nicht nur der bärige V6-Diesel mit dem fetten Drehmoment, der unsere Steigungsbahnen im Supertest praktisch als Nebenjob erledigt. Bergauf kann man es mit jeder Gaspedalstellung und in den Gängen eins bis drei versuchen, selbst ohne Untersetzung stürmt er noch die steilste Bahn hinauf. Die Berganfahrkontrolle gibt einem knapp zwei Sekunden Zeit, um von der Bremse auf das Gaspedal zu wechseln.

Das Anfahren selbst in der steilsten Bahn ist ein Kinderspiel. Der gesperrte erste Gang in der Untersetzung genügt selbst in der 55-Prozent-Steigung bergab, um das Tempo ganz ohne elektronische Stütze bei 9-10 km/h zu halten. Vielleicht ist diese Top-Performance auch wegen der elektroni-

schen Bergabfahrhilfe nötig: die lässt sich zwar manuell auf jedes gewünschte Tempo bis 2 km/h einstellen und funktioniert auch sehr feinfühlig sowie ohne übermäßiges Geratter. Doch bis zum Ansprechen vergeht einige Zeit. So stürzen wir bei der Einfahrt zunächst erst einige Meter die steilste Bahn hinunter, bevor die Elektronik regelt und die Fuhre einbremst. Das ginge auch unspektakulärer.

## Handling

Das ESP der neuen M-Klasse lässt sich per Schalter deaktivieren. Teilweise. Denn so richtig trauen die Entwickler dem Frieden nicht. Bei richtig heftiger Fahrweise wird auch beim abgeschalteten Schleuderschutz die vollautomatische Radbremsfunktion aufgerufen und die Fuhre gezügelt. Jedoch nicht gar so rüde, wie es bereits bei anderen Herstellern zu beobachten war, ein gewisser Restschwung wird dem Auto von der Elektronik zugestanden.

## HÄRTEPRÜFUNG FÜR DIE 3. GENERATION

Das Spektakel wird vom automatischen Gurtstraffer garniert, der aufgeregt am Sicherheitsgurt zupft. Dabei wollen wir nur spielen. Eigentlich schade, denn Fahrwerk, Lenkung und Leistungsentfaltung sind ausgesprochen spaßfördernd im Tiefsand. Der ML 350 Bluetec lässt sich geradezu spielerisch dirigieren und stürmt außerordentlich flott im Rallyetempo über die lange Lockersandstrecke. Bis auf das übereifrige elektronische Sicherheitsprotokoll, das der ML bei forcierter Fahrweise pflichtbewusst abarbeitet, eine glänzende Vorstellung.

### *Wat-Verhalten*

Mit dem optionalen Offroad-Paket samt Luftfederung in der höchsten Stellung gibt Mercedes 60 Zentimeter Wassertiefe frei. Das ist ein beachtlicher Wert, Jeep erlaubt dem Wrangler Rubicon zwölf Zentimeter weniger, Mercedes selbst dem zweifelsfrei geländetauglicheren G-Modell auch nur 50 Zentimeter. Beim ML bedeuten 60 Zentimeter exakt die Schwellerhöhe beim Luftfederfahrwerk in der höchsten Stellung. Wasser dringt daher nicht in den Innenraum.

Dafür möglicherweise an andere Stellen. Die Luftansaugung des V6 liegt trichterförmig direkt auf dem Kühler, nach vorne gerichtet. Durch das Front-Design schaufelt der ML 350 Bluetec schon bei geringster Geschwindigkeit eine beachtliche Bugwelle vor sich her, welche die Wasserhöhe vor dem Auto deutlich anhebt und alles Wasser direkt in Richtung Luftansaugung strömen lässt.

Und davon bekommt man wegen der Karosserieform (siehe Trial-Wertung) noch nicht einmal etwas mit. Lebensgefährlich für den Motor. Von der werkseitig freigegebenen Wattiefe müssen wir daher dringend abraten, maximal 40 Zentimeter Wassertiefe scheinen bei sehr langsamer Furtgeschwindigkeit gerade noch vertretbar.

### *Übersichtlichkeit / Wendigkeit*

Speziell an der Vorderseite hilft nur raten. Wo das Auto vorne beginnt, lässt sich einfach nicht erkennen. Ebenso wenig das, was sich unmittelbar vor dem Auto abspielt. Die runde Front ist unübersichtlich, die vorderen Konturen nicht einmal zu erahnen. Die Sicht nach rechts hinten ist durch die extravagante C-Säule limitiert. Der Wendekreis fällt klassenüblich aus, in Sachen Abmessung ist der ML bei den dicken Brummern daheim, fällt aber nicht wegen Überbreite auf – der aktuelle Jeep Grand Cherokee ist sogar zwei

Zentimeter breiter. Dennoch ist der ML im engen Geläuf mit Vorsicht zu handhaben. Ausgezeichnet ist die Möglichkeit, mit Untersetzung ohne gesperrtes Verteilergetriebe rangieren und um Hindernisse kurven zu können.

## Traktion

Der Mercedes ML 350 CDI kommt mit Bärenkräften, setzt sie aber mit Bedacht ein. Auf tiefem Untergrund ist das sogar von Vorteil. Er reißt nicht aus dem Stand wild an, sondern drückt nachhaltig nach vorne. Das ist im Endeffekt zwar nicht langsamer als die pseudohektische Abstimmung anderer Oberklasse-SUV, aber besonders auf tiefem Untergrund effektiver. Der erste Gang des Automatikgetriebes und die Achsen sind vergleichsweise lang übersetzt, die Untersetzung mit 2,93:1 dagegen ausgesprochen kurz. Das sollte man entsprechend einsetzen: wenn es wirklich tief wird, sollte man keine Scheu haben, die Untersetzung frühzeitig zu aktivieren. Zwei Geländeprogramme stehen zur Wahl, die unter anderem das Regelprogramm für Traktionskontrolle, ABS, aktive Stabis und die Mittelsperre beeinflussen.

Der ML 350 Bluetec lässt sich geradezu spielerisch dirigieren und stürmt ausserordentlich flott im Rallyetempo über die lange Lockersandstrecke.

## HÄRTEPRÜFUNG FÜR DIE 3. GENERATION

Das läuft komfortabler ab als beim Vorgängermodell, weil noch Restfederweg zur Verfügung steht, dennoch stellt sich ein etwas gummi-artiges Fahrgefühl auf dem Verwindungsparcours ein.

Speziell an der Vorderseite hilft nur raten. Wo das Auto vorne beginnt, lässt sich einfach nicht erkennen. Die Sicht nach rechts hinten ist durch die C-Säule limitiert.

## Antriebssystem

Ob Mercedes und Jeep den gleichen Programmierer haben? Denn im Sandhang, wo wir das Antriebssystem der Supertest-Kandidaten auf Herz und Nieren testen, zeigt der neue ML eine identische Schwäche wie der Jeep Grand Cherokee: egal welches Offroad-Programm an den Start geschickt wird, in dieser Prüfung scheitert er in der Untersetzung. Die Traktionskontrolle bremst die Räder immer wieder bis fast zum Stillstand ab, statt vorwärts geht es allenfalls nach unten.

Erst im Straßen-Allrad und mit gesperrtem ersten Gang wird der Hang bezwungen – da könnte man sich all die Elektronik auch sparen. Hinderlich ist auch die Eigenart der Luftfederung, bereits bei geringer Geschwindigkeit von rund 20 km/h selbsttätig das höchste Fahrwerkslevel zu verlassen. Mit durchdrehenden Rädern ist dieses »Tempo« flott erreicht und mitten im Hang beginnt der Wagen, sich abzusenken. Das ist umso fataler, weil die Bodenfreiheit unter dem Auto generell nicht allzu üppig bemessen ist. 28 Zentimeter hören sich zwar nach viel an, doch im Gegensatz zu »echten« Geländewagen ist das nicht der Platz nur unter dem Differential, sondern unter dem gesamten Auto. Entsprechend schnell gibt es eine formschlüssige Verbindung mit dem Untergrund.

## Fazit

Der Mercedes ML 350 CDI ist in Sachen Geländetauglichkeit eher über dem Vorgänger anzusiedeln. Besondere Fortschritte hat es bei der Luftfederung gegeben, die nicht nur besser verschränkt, sondern auch in der höchsten Fahrwerksstellung Restfederweg bereitstellt. Motor und Getriebe liefern Kraft in jeder Lebenslage, das Handling des ML ist ausgezeichnet. Schade, dass die Elektronik in manchen Situationen übereifrig reagiert. Der ML schlägt sich im Gelände deutlich besser als viele andere moderne SUV, extreme Touren sollte man ihm aber nicht abverlangen – was wohl auch die wenigsten Käufer tun werden.

## Mercedes-Benz ML 350 BlueTEC 4Matic

| | |
|---|---|
| **Grundpreis** | ca. 30.000 Euro |
| **Außenmaße** | 4804 x 1926 x 1796 mm |
| **Kofferraumvolumen** | 690 bis 2010 l |
| **Hubraum / Motor** | 2987 cm³ / 6-Zylinder |
| **Leistung** | 190 kW / 258 PS bei 3600 U/min |
| **Höchstgeschwindigkeit** | 224 km/h |
| **0-100 km/h** | 7,7 s |
| **Verbrauch** | 6,8 l/100 km |
| **Testverbrauch** | 10,8 l/100 km |

Im Sandhang, wo wir das Antriebssystem der Supertest-Kandidaten auf Herz und Nieren testen, zeigt der neue ML eine identische Schwäche wie der Jeep Grand Cherokee.

# VW Tiguan 2.0 TDI
# Schluss mit Soft

**ALS 2007 DER VW TIGUAN PREMIERE FEIERTE, MUSSTE MAN KEIN HELLSEHER SEIN UM SEINEN SIEGESZUG VORHERZUSAGEN. DER TIGUAN VERKAUFT SICH WIE GESCHNITTEN BROT, DOCH IM SCHWEREN GELÄNDE MUSS ER PASSEN. JETZT GIBT ES ABHILFE: IST DER SEIKEL VW TIGUAN 2.0 TDI FIT FÜR DEN SUPERTEST?**

VWs Allradler passte und passt in die Zeit - Mainstream-Optik, die auch konservative Kunden nicht vergrätzt, kompakte Abmessungen und großzügiger Innenraum. Dazu die typische Aufmachung im Stil des Hauses, bei der sich auch ein Umsteiger aus Golf oder Passat nicht erschrickt. Letzteres ist sicher auch ein Teil des Erfolges, der den Tiguan seit Verkaufsstart fast ununterbrochen auf Platz eins der Geländewagen-Verkaufsliste thronen lässt. Denn nicht wenige Stammkunden greifen beim Neukauf statt zu Golf Plus oder Touran eben zum neuen Geländegänger der Hausmarke.

## SEIKEL MACHT DEN VW TIGUAN 2.0 TDI FIT FÜRS GELÄNDE

Schon 2008 gingen wir der Frage nach, ob der Tiguan tatsächlich als kleiner Touareg durchgeht und im Supertest bestehen kann. Der damals getestete VW Tiguan 2.0 TDI mit Schaltgetriebe riss allerdings die Latte und bestand nicht. Für verschneite Bergpfade oder das Ziehen von Anhängern, so war das seinerzeit entstandene Test-Fazit, ist der Standard-Tiguan gut geeignet. Sehr viel mehr sollte man ihm aber nicht zumuten. Klar, dass diese Tatsache einen Mann wie Peter Seikel nicht ruhig schlafen lässt: Der VW-Spezialist aus dem hessischen Örtchen Freigericht modifiziert seit Jahrzehnten Wolfsburger Allradler und macht sie fit fürs Gelände. Dass da der Tiguan nicht unbearbeitet bleiben kann, war klar. Um so spannender für uns, den Seikel- Tiguan durch den Supertest zu schicken und überall dort besonders genau hinzusehen, wo das Serienauto Probleme hatte.

### Effektive Umbauten am VW Tiguan von Seikel

Die Umbauten, die Seikel am Tiguan vornimmt, sind wenig radikal, aber effektiv: Höherlegungsfahrwerk, höhere M/T-Reifen auf Stahlfelgen und umfangreiche Unterboden- Schutzmaßnahmen - mehr nicht. Motor, Elektronik und Antriebssystem bleiben unangetastet. Kleiner, aber feiner Unterschied: Der Seikel-Tiguan trat mit Sechsgang- Automatik-Getriebe an. Wichtig, um die fehlende Untersetzung zu kompensieren, denn die klassische Wandler-Automatik erlaubt behutsameres Fahren und Klettern. Eine Option, die leider zum Modelljahr 2011 aus der Preisliste verschwand, seitdem gibt es den Automatik-Tiguan nur noch mit dem 7-Gang-Doppelkupplungs-Getriebe.

### Fazit:

Auch bei modernen Konstruktionen wie dem Tiguan zeigt sich, dass alte Gelände-Weisheiten immer gelten. Eine davon: Hauptsache Bodenfreiheit. Die Höherlegung über Fahrwerk und Reifen machen tatsächlich ein anderes Auto aus dem Wolfsburger SUV, mit dem vieles geht, was die Serienversion nie erleben wird. Es wird aber auch einmal mehr klar, dass Elektronik allein kein Allheilmittel ist - erst recht nicht, wenn sie je nach Situation gegen den Fahrer arbeitet. Den Supertest hat der Seikel-Tiguan bestanden.

Die Höherlegung über Fahrwerk und Reifen machen tatsächlich ein anderes Auto aus dem Wolfsburger SUV. Dazu gibt es noch umfangreiche Unterboden-Schutzmassnahmen – und mehr nicht.

# Nissan X-Trail Facelift 2017

# Nissans Maxi-SUV

**MIT DEM 2017ER-FACELIFT BEKAM NISSANS FAMILIEN-SUV MEHR SICHERHEIT, EINE HÜBSCHERE AUSSTATTUNG SOWIE OPTISCHEN FEINSCHLIFF.**

Nach dem Update für den extrem erfolgreichen Nissan Qashqai, der seit dem Frühsommer bei den Händlern steht, folgt nun als zweiter Schritt der große Bruder. Während bei uns der Qashqai die Nase vorne hat, ist der X-Trail für Nissan global gesehen noch wichtiger, er ist das meistverkaufte Nissan-Modell überhaupt. Einen entscheidenden Anteil daran trägt die US-Variante namens Rogue, die karosserieseitig bis auf das Typenschild identisch ist. Aus diesem Grund war es auch keine umwerfend neue Erkenntnis, was Nissan im Rahmen der Präsentation des X-Trail-Facelifts enthüllte. Denn bereits im vergangenen Herbst war auf der international wenig bekannten Miami Auto Show der neue Rogue gezeigt worden und mit ihm alle Änderungen der Facelift-Maßnahmen.

Die sind im Exterieur etwas umfangreicher als die üblichen neuen Lidschatten für die Scheinwerfergehäuse. Das Facelift ist auf den ersten Blick durch den markant größeren Kühlergrill erkennbar, wo die schwarze Fläche nun nahezu den kompletten Mittelteil bis hinunter zur Spoilerlippe Raum greift. Der LED-Tagfahrlicht-Bumerang fällt etwas reduzierter als bisher aus, die Leuchten selbst erhalten an der Unterseite einen leichten Knick in die neue Schürze. Die optionalen LED-Leuchten unterscheiden sich nun optisch stärker von den serienmäßigen Halogenscheinwerfern und sind voll adaptiv. Am Hinterteil des X-Trails erschöpfen sich die Änderungen indes in einer neuen Leuchtengrafik und einer Chromspange.

Auf der Technikseite wurde eine etwas ausführlichere Update-Strategie gefahren, die vor

Optisch auffälligste Neuerung im Innenraum ist das unten abgeflachte Lenkrad, das bereits im kleineren Qashqai debütierte. Es erleichtert den Einstieg und bietet mehr Durchblick auf die Instrumente.

allem zu neuen Assistenzssystemen führt. Um die Sicherheit kümmern sich künftig zusätzlich der Notbremsassistent mit Fußgängererkennung sowie ein rückwärtiger Querverkehrsassistent, der den »Blindflug« beim Ausparken aus unübersichtlichen Lücken entschärfen soll.

## Fahrbericht Nissan X-Trail (2017)

An den Antriebsoptionen hat sich nichts geändert. Zur Verfügung stehen als Einstiegsvariante der 1,6er Benziner mit 163 PS, Frontantrieb und Schaltgetriebe, während für die beiden Dieselmotoren (130-177 PS) wahlweise Allradantrieb und eine stufenlose Automatik angeboten werden. Keine Rede ist hingegen von einer Hybrid-Variante für Europa, obwohl sie verfügbar wäre: In den USA gibt es den Rogue seit dem Facelift mit einem Verbund aus einem 140 PS leistenden Zweiliter-Benziner mit einem 40-PS-Elektromotor, der von einer Lithium-Ionen-Batterie versorgt wird. Die US-Verbrauchsangaben für den Nissan Rogue Hybrid liegen bei 6,7 Liter im Idealfall, der stets mit der stufenlosen Automatik ausgestattete Hybrid wird auch mit Allrad ausgeliefert. Dass nach einem solchen Modell durchaus Nachfrage besteht, beweisen die ausgesprochen erfolgreichen Hybrid-SUV von Toyota in den vergangenen Monaten.

Der große 177 PS-Diesel war erst im vergangenen Jahr eingeführt worden und auch beim ersten Ausritt mit dem 2017er Facelift-Modell unsere Wahl. Der Zweilitermotor lässt sich wahlweise mit einem Gangstufen simulierenden CVT-Getriebe ordern, der Testwagen war mit dem Sechsgang-Schaltgetriebe ausgerüstet. Das ist speziell für Gespannfahrer erste Wahl, denn damit darf der X-Trail zwei Tonnen an den Haken nehmen, bei der CVT-Automatik sind es 350 Kilo weniger. Am technischen Unterbau hat Nissan keine Änderungen vorgenommen, hier entspricht der X-Trail dem Vorjahresmodell. Der Zweiliter-Diesel ist prinzipiell jedem zu empfehlen, der mehr als nur Basiswünsche an den Vortrieb stellt, wie sie der kleinere 1,6er-Selbstzünder bereitstellt. Mit dem

Durch die geänderten Anbauteile ist der Nissan X-Trail etwas gewachsen, er misst nun aussen 50 Millimeter mehr. Auf die Platzverhältnisse im Innenraum hat das natürlich keinen Einfluss.

Optisch fiel das 2017er Facelift etwas umfangreicher aus, der neue Jahrgang gibt sich unter anderem durch eine geänderte Schürze, neue Scheinwerfer und den breiteren Kühlergrill zu erkennen.

# NISSAN X-TRAIL FACELIFT 2017

177 PS starken Vierzylinder geht es merklich zügiger voran, auch das Thema Anfahrschwäche muss bei ihm nicht mehr diskutiert werden.
Der X-Trail bietet sich mit seinem geräumigen und jetzt auch fühlbar aufgewerteten Innenraum in erster Linie als komfortables Langstreckenauto für die ganze Familie an. Auf großer Fahrt zeigt sich das Fahrwerk von seiner sanften Seite. Die Vorzeichen ändern sich, wenn der Pilot zum Angriff bläst. In zügig gefahrenen Kurven gibt es deutlich spürbare Seitenneigung, die nicht ganz so sportlich wirkt. Und schlechter Untergrund, ob Geröllpiste oder Kopfsteinpflaster, bringt das eigentlich gutmütige Fahrwerk in den Stößel-Modus, da geht man es dann freiwillig etwas langsamer an.

## NISSAN X-TRAIL 2.0 DCI 4X4 TEKNA

| | |
|---|---|
| *Grundpreis* | 10.000 – 15.000 Euro |
| *Außenmaße* | 4690 x 1830 x 1730 mm |
| *Kofferraumvolumen* | 550 bis 1982 l |
| *Hubraum / Motor* | 1995 cm³ / 4-Zylinder |
| *Leistung* | 130 kW / 177 PS bei 3750 U/min |
| *Höchstgeschwindigkeit* | 204 km/h |
| *Verbrauch* | 5,8 l/100 km |

Nissan möchte den X-Trail als offroadtaugliches SUV verstanden wissen, allerdings ist bis auf die relativ brauchbare Bodenfreiheit keine echte Geländetechnik an Bord.

Geröllpiste oder Kopfsteinpflaster bringen das gutmütige Fahrwerk an seine Grenzen. Auf schlechtem Untergrund kommt das Fahrwerk des Nissan X-Trail nicht immer mit dem Dämpfen nach, es wird dann leicht polterig.

Rund 2.000 Liter Volumen bietet der Gepäckraum bei umgelegten Rücksitzen.

Das Interieur wirkt hochwertig und aufgeräumt. Für den Offroad-Trip lässt sich der Laderaum vergrössern.

Den 177PS-Zweiliter-Dieselmotor gibt es seit 2016. Er stand lange auf der Wunschliste der X-Trail-Fahrer.

Das Platzangebot in der zweiten Reihe ist beachtlich. In der Topvariante gibt es sogar eine Sitzheizung.

Für die 2007 präsentierte Vorgängerbaureihe T31 verwendete man dieselbe Basis wie für den Nissan Qashqai. Der hier getestete T32 wurde erstmals 2014 präsentiert, 2017 war es dann an der Zeit für ein Facelift.

Die Sitze sind seit dem 2017er Facelift stärker konturiert und bieten mehr Seitenhalt. Neu sind die seitlichen Lederpolster an der Mittelkonsole, die edel wirken.

## Nagelprobe für das neue Jeep-Flaggschiff

# Jeep Grand Cherokee

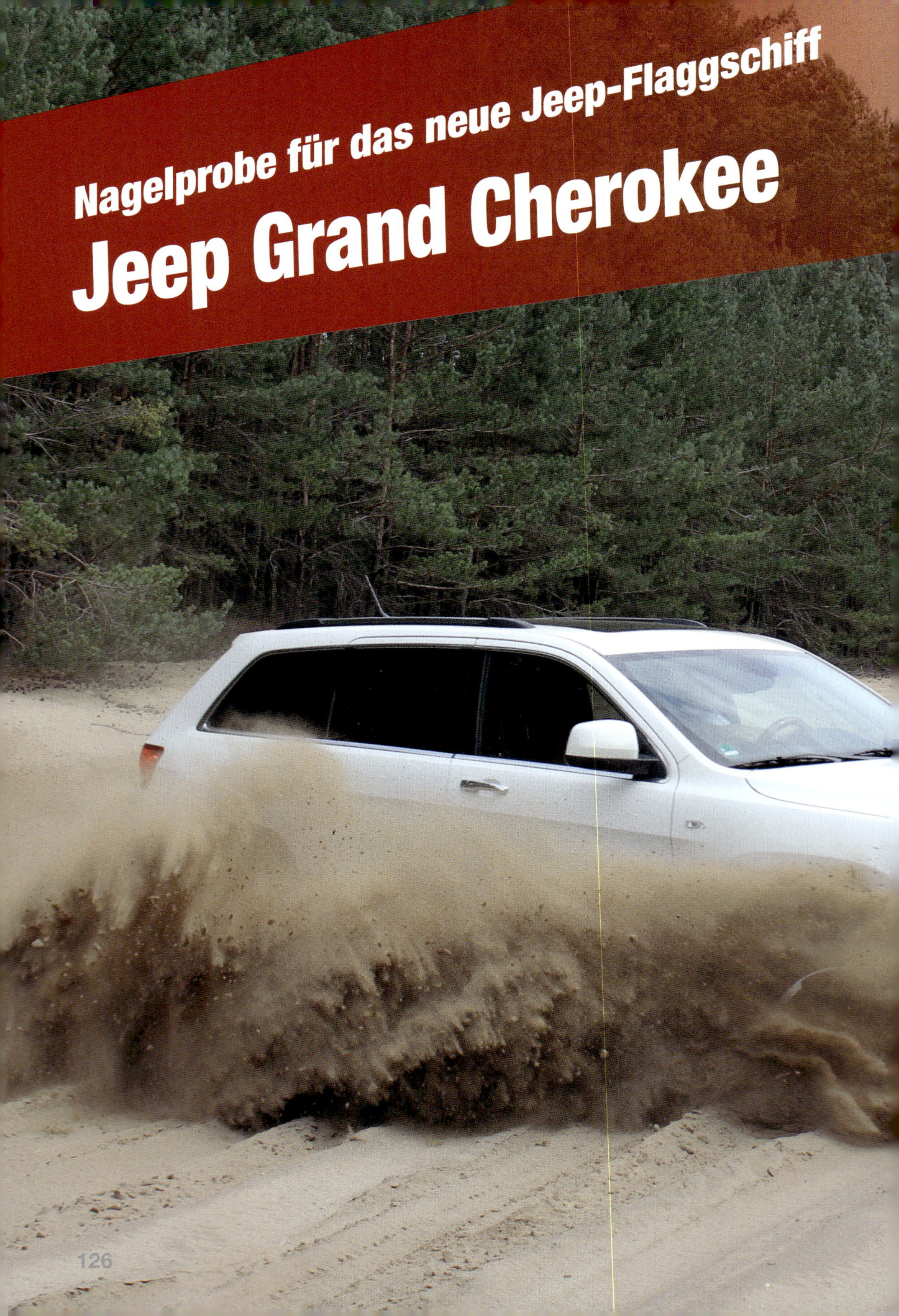

***Die vierte Generation des Familienhäuptlings, ob sie auch im Gelände zum Massstab für eine ganze Fahrzeuggattung taugt.***

Die von 2011 bis 2021 gefertigte vierte Generation des Grand Cherokee war ein Befreiungsschlag für den Hersteller. Mit dem rundum neu konstruierten Oberklasse-Offroader sucht man den Anschluss an die etablierte europäische Konkurrenz. Der Verkaufserfolg des Jeep-Flaggschiffs gab den Entwicklern recht, die lange Produktionszeit spricht für sich.

Im Jeep Grand Cherokee 3.0 CRD Overland ist in der Top-Version die maximale Technik verbaut: Quadra-Drive-II-Allrad und höhenverstellbare Luftfederung. Damit lässt sich die Bodenfreiheit variieren, der Jeep um bis zu acht Zentimeter gegenüber den Stahlfeder-Modellen nach oben fahren. 275 Millimeter Bodenfreiheit liegen dann an, ein ansehnlicher Wert.

### Tolles Reisefahrzeug

Auf dem Weg ins Testgelände in Horstwalde beweist der Jeep Grand Cherokee seine Qualitäten als Reisefahrzeug. Zum Vorgängermodell ein echter Quantensprung. Nicht nur durch die stark verbesserte Ausstattung und Verarbeitung – bis hin zu klimatisierten Ledersitzen und Lenkradheizung ist beim Overland wirklich alles an Bord. Auch das deutlich verbesserte Platzangebot, der durch bessere Geräuschdämmung und aufwändiges Einzelradaufhängungs-Fahrwerk spürbar höhere Fahrkomfort und die erheblich verbesserte Fahrdynamik lassen das bis 2010 gebaute Vorgängermodell wie ein Relikt aus einer anderen Zeit wirken.

## NAGELPROBE FÜR DAS NEUE JEEP-FLAGGSCHIFF

### *Jeep Grand Cherokee 2011 mit neuem Diesel*

Der von VM in Italien entwickelte und von Fiat mit konzerneigener Einspritztechnik optimierte Sechszylinder-Diesel zieht wie der sprichwörtliche Büffel über das gesamte Drehzahlband. Erst bei hohem Autobahntempo würde man sich dann allerdings doch eine sechste Fahrstufe wünschen, um das hohe Drehzahlniveau und den dann stark steigenden Verbrauch etwas einzudämmen. Im Testmittel genehmigte sich der Jeep Grand Cherokee 3.0 CRD 9,6 Liter Diesel auf 100 Kilometer, mit sparsamer Fahrweise sind im Überland-Verkehr Werte um acht Liter realisierbar. Die verbaute Elektronik des Testwagens war im Straßeneinsatz nicht vollständig überraschungsfrei. Der Kollisionswarner, Bestandteil des kameragesteuerten Abstands-Tempomaten, nahm des Öfteren Hecken oder Verkehrsschilder auf kurvigen Straßen zum Anlass für Fehlalarme. Auch der prinzipiell gut abgestimmte Abstands-Tempomat wusste nicht restlos zu überzeugen, legte des Öfteren rüde Bremsmanöver hin und fuhr in anderen Situationen mit hohem Tempo weiter, obwohl vorausfahrende Fahrzeuge langsamer wurden. Ein vorausschauender Fahrer ist dem System klar überlegen.

Über die Geländefähigkeiten des neuen Jeep Grand Cherokee gab es andernorts bereits allerlei zu lesen. Was davon der Realität entspricht, lässt sich allerdings auf Feldwegen und in Kiesgruben kaum feststellen – gut, dass es unseren Supertest gibt.

Jeep Grand Cherokee 3.0 CRD Overland: Der von VM in Italien entwickelte und von Fiat optimierte Sechszylinder-Diesel zieht wie der sprichwörtliche Büffel über das gesamte Drehzahlband.

# Die Supertest-Wertungen

## Unterboden

Optisch wirkt der Jeep »untenrum« aufgeräumt und gut gegliedert. Die Abgasanlage ragt etwas über die Schweller hinaus und ist stellenweise der tiefste Punkt des Autos, entsprechend gefährdet. Unterfahrschutz-Maßnahmen hat der Overland nicht zu bieten. Die Verkleidung unter dem Motor dient alleine dem Lärmschutz. Es ist zwar möglich, die Frontschürze zu demontieren, beim Overland mit seinem feststehenden Kamera-Auge, das dann als tiefster Punkt an der Front sitzt, ist diese Aktion aber weitgehend sinnfrei. Also bleibt die Schürze im Supertest dran. Überzeugend massiv sind die Achslenker ausgeführt, alle Leitungen und Kabel sauber und sicher verlegt. Sehr großzügige und massive Bergeösen – offen, damit

man auch einen Gurt schnell darüber werfen kann – zeigen dann doch, dass Jeep eine Geländewagenmarke ist. Dennoch wäre ein besserer Aggregateschutz wünschenswert, hier ist nach wie vor Raum für Nachrüstarbeit durch den Kunden.

## Verschränkung

Erste Mutprobe für den neuen Chef-Indianer. Die Geländesteuerung im »Rock«-Modus pumpt das Fahrwerk in die höchste Stufe. Das ließe sich zwar manuell wieder ändern, auf der Verwindungsbahn wird aber jeder Millimeter Bodenfreiheit gebraucht. In der höchsten Stufe steht praktisch kaum noch Federweg zur Verfügung, unbeholfen wippt der Grand Cherokee schon durch die erste, harmlose Verwindungsstrecke. Die Traktionskontrolle arbeitet in der ersten Bahn zufriedenstellend, braucht aber Ermunterung durchs Gaspedal. In der zweiten Verschränkungssektion wird es wirklich ungemütlich.

Der Jeep fällt von einer Seite auf die andere, plumpst vorne herunter und streckt das Hinterteil gen Himmel. Jetzt ist schon reichlich Gas- und Bremseneinsatz nötig, um einen Rest an kontrollierter Fahrt zu ermöglichen. Die Traktionskontrolle

kommt bei zwei abhebenden Rädern aus dem Konzept, manche Welle lässt sich nur mit Anlauf bewältigen. Für die Schlüsselstelle in der Mitte der Verschränkungsbahn genügt die Bauchfreiheit nicht, an anderen Sektionsteilen setzt der Jeep geräuschvoll mit der hinteren Bergeöse auf, die den Böschungswinkel einschränkt. Immerhin: auch in voller Verschränkung öffnen und schließen alle Türen problemfrei, die Karosserie verwindet sich kaum.

## Fahrwerk

Was sich schon auf der Verbindungsstrecke zur Sektion abzeichnete, wird beim Fahrwerkstest im Geröllhang zur Gewissheit: in der höchsten Stufe des Luftfederfahrwerks ist der Grand Cherokee fast unfahrbar, stürzt mit wild regelnder Hill-Descent-Control bergab. Auch in der zweithöchsten Fahrwerksstufe ist die Federung viel zu holperig, um kontrolliertes Fahren zu ermöglichen. Also wieder Straßen-Modus: hier arbeitet die Federung befriedigend, allerdings nicht wirklich geschmeidig. Das Anfahren im Geröllhang macht dem Grand Cherokee keine Probleme.

## NAGELPROBE FÜR DAS NEUE JEEP-FLAGGSCHIFF

Im Vergleich zum Vorgänger stark verbesserte Ausstattung und Verarbeitung – bis hin zu klimatisierten Ledersitzen und Lenkradheizung ist beim Overland wirklich alles an Bord.

### *Steigfähigkeit*

Auch hier zunächst der Versuch in der Rock-Einstellung mit selbsttätig hochgefahrenem Fahrwerk. Das geht fast schief: in der Mitte der steilsten Steigungsbahn beginnt der Grand Cherokee mangels Federweg unkontrolliert zu springen, verliert den Bodenkontakt, droht rückwärts abzurutschen. Nur mit Vollgas und leicht erhöhtem Adrenalinspiegel schaffen wir es nach oben. Klare Empfehlung also: bei Steilfahrten im Gelände stets die normale Straßeneinstellung des Luftfederfahrwerks vorwählen! Mit der gelingt auch die steilste Bahn bergauf wie bergab lehrbuchmäßig.

Die Berganfahrkontrolle hält den Wagen rund vier Sekunden in der Steigung, mehr als genug Zeit, um vom Brems- auf das Gaspedal zu wechseln. Vorbildlich: die elektronische Bergabfahrkontrolle. Sie lässt sich über den Getriebe-Schalthebel

steuern, je nach vorgewähltem Gang wird das Tempo variiert. In der ersten Stufe kriecht der Jeep mit 1-2 km/h den Berg hinunter. In der Untersetzung ist die Bergabfahrkontrolle immer aktiviert und kann nicht abgeschaltet werden. Ab 35 Prozent Gefälle wird sie automatisch aktiv, bis dahin reicht im ersten Gang die reine Motorbremse.

### *Handling*

Auf der Handlingstrecke liegt es am Fahrer, wie er die Aufgabe bewältigen möchte. Im Sand-Modus fährt das Fahrwerk abermals nach oben – manuell runter damit. Das abgeschaltete ESP bleibt mit einer Restregelung aktiv, bremst den Jeep bei flotten Fahrmanövern kräftig ein. Die Lenkung braucht zwar erhöhte Kurbelarbeit, ist aber direkt

Weitgehend ist alle Technik gut verstaut und liegt überhalb der tiefsten Linie der Karosserieschweller.

Das Anfahren im Geröllhang macht dem Grand Cherokee keine Probleme.

Überzeugend massiv sind die Achslenker ausgeführt, alle Leitungen und Kabel sauber und sicher verlegt.

Die Frontschürze zu demontieren ist möglich, wegen des feststehenden Kamera-Auges aber sinnfrei.

Dank der Rückfahrkamera kann man auf den Zentimeter genau an Hindernisse heran rangieren.

Die Geländesteuerung per Drehregler kennen wir bereits von anderen Marken.

und zielgenau. Für einen Fullsize-Offroader mit 2,4 Tonnen Kampfgewicht gibt sich der Grand Cherokee beim Sandwedeln erstaunlich handlich. Kraft hat der Wagen im Überfluss, die Untersetzung wird nicht benötigt, um den lockeren Sand machtvoll umzupflügen.

## Wat-Verhalten

508 Millimeter Wattiefe erlaubt Jeep dem Grand Cherokee, die schräge Zahl ist der metrischen Umrechnung der US-Werte geschuldet. Die Luftansaugung geschieht in Höhe der oberen Kühlertraverse direkt am Abschluss der Motorhaube, leidlich geschützt von einem Stück Moosgummi. Flotte Wasserspiele sind damit also tabu, die Bugwelle könnte in die Ansaugung eindringen. Die Aggregate des VM-Motors (Lichtmaschine und Klima-Kompressor) liegen sehr tief unten im Motorraum. Der elektrische Lüfter schaltet sich auch während der Wasserdurchfahrt an, schaufelt den Motorraum voll – tiefe Schlammwasser-Durchfahrten sollte man mit dem neuen Grand Cherokee besser meiden. Die Leuchten bleiben im Tauchbad dicht, der Innenraum gleichfalls, kein Tropfen mogelt sich an den Türdichtungen vorbei.

Die Luftansaugung geschieht in Höhe der oberen Kühlertraverse direkt am Abschluss der Motorhaube, leidlich geschützt von einem Stück Moosgummi – Flotte Wasserspiele sind damit also tabu ...

Der VM-Diesel treibt den Jeep wuchtig durch das Tiefsandbecken, das Anfahren im tiefen Sand gerät zur Nebensächlichkeit.

... die Bugwelle könnte in die Ansaugung eindringen. Der elektrische Lüfter schaltet sich auch während der Wasserdurchfahrt ein und schaufelt den Motorraum voll.

# NAGELPROBE FÜR DAS NEUE JEEP-FLAGGSCHIFF

## *Übersichtlichkeit / Wendigkeit*

Der Grand Cherokee ist ein stattlicher Geländewagen – mit 215 Zentimeter Außenbreite zwischen den Spiegelkanten passt er gerade so durch unsere Trial-Tore. Mit per Knopfdruck angelegten Ohren reduziert sich die Breite auf 195 Zentimeter. Die hohe Fensterlinie schränkt die Übersicht etwas ein, besonders die Front lässt sich nur schwer einschätzen. Dafür sorgt im Heckbereich die sehr präzise abbildende Rückfahrkamera dafür, dass man buchstäblich auf den Zentimeter genau an Hindernisse heran rangieren kann. Hilfreich ist dieses Extra nicht nur im engen Wald, sondern auch in der Zivilisation, beispielsweise auch beim Ankuppeln eines Anhängers.

## *Traktion*

Mit ein wenig Wühlarbeit lässt sich der Grand Cherokee nicht aus der Fassung bringen. Der VM-Diesel treibt den Jeep wuchtig durch das Tiefsandbecken, das Anfahren im tiefen Sand gerät zur Nebensächlichkeit. Die Spurhaltung ist ebenfalls gut, die Traktionskontrolle geht ihrer Arbeit in dieser Testsektion vorbildlich nach. Auffällig allerdings: selbst im Sand-Modus der Geländeprogramme bleibt das ABS giftig und mit niedriger Regelschwelle, was auf losem Untergrund den Anhalteweg sehr deutlich verlängert.

Auch in der zweithöchsten Fahrwerksstufe ist die Federung viel zu holperig, um kontrolliertes Fahren im Geröllhang zu ermöglichen.

Das deutlich verbesserte Platzangebot und der gesteigerte Fahrkomfort lassen das bis 2010 gebaute Vorgängermodell wie ein Relikt aus einer anderen Zeit wirken.

Mit geschalteter Untersetzung war es nahezu unmöglich, den grossen Jeep zur Weiterfahrt im Sandhang zu überreden. Die Traktionskontrolle liefert hier eine merkwürdige Vorstellung ab.

### *Antriebssystem*

Ratlosigkeit herrscht im Sandhang, wo wir im Supertest auch tiefe Schlammdurchfahrten simulieren und dabei das Antriebssystem unter die Lupe nehmen. Mit geschalteter Untersetzung war es nahezu unmöglich, den großen Jeep zur Weiterfahrt zu überreden. Die Traktionskontrolle liefert hier eine merkwürdige Vorstellung ab. Sie massiert nicht nur die Bremsen ausgiebig, sondern greift auch in die Motorsteuerung ein.

Das bedeutet, dass der festsitzende Wagen, der zur Weiterfahrt eigentlich kräftig durchdrehende Räder bräuchte, bewegungslos bleibt. Die Drehzahl schwankt im Sekundentakt zwischen 1800 und 4000 Umdrehungen, dann wird wieder abgeregelt. Selbst mit reichlich Anlauf endet die Fahrt in der Mitte des Hangs. Keines der ausgetesteten Geländefahrprogramme brachte irgendeine Änderung in diesem Verhalten.

Einzige Lösung: Straßen-Allrad aktiviert und die Geländesteuerung auf Normal-Modus. Erst dann stellt der Motor ausreichend Kraft und Raddrehzahl bereit, um das Hindernis zu bewältigen. Von der hinteren elektronisch geregelten Differentialbremse des Quadra-Drive-II-Antriebs, von Jeep als Differentialsperre bezeichnet, ist nichts zu spüren. Ebenfalls unschön: trotz handgeschalteter Gangstufe schaltet die Automatik eigenmächtig weiter durch. Die gute Nachricht zum Schluss: thermisch ist der Grand Cherokee CRD nicht aus der Ruhe zu bringen, sowohl Getriebe als auch Motor bleiben bei der Schinderei temperaturmäßig unauffällig.

Die Luftansaugung in Höhe der oberen Kühlertraverse – Schwachpunkt bei Tiefwasserfahrten.

## Fazit

Bei Verarbeitung, Ausstattung und Fahrkultur ist der neue Jeep Grand Cherokee ein echter Meilenstein für die Marke. Im Gelände hat er aber gegenüber dem Vorgänger stark abgebaut. Nicht nur das neue Einzelradaufhängungs-Fahrwerk trägt hierfür Verantwortung, in erster Linie sind es die unflexible, kaum Verschränkung erlaubende Luftfederung und die nicht optimal arbeitenden elektronischen Fahrhilfen. Klarer Tipp: wer den Jeep Grand Cherokee öfter im Gelände einsetzen möchte, sollte zu der Version mit konventioneller Stahlfederung greifen (Laredo oder Limited). Die lässt sich bei Bedarf mit Zubehörfedern dauerhaft höherlegen, ohne an Federweg einzubüßen. Außerdem scheint der Quadra-Trac-Allrad mit seiner starren Kraftverteilung in der Untersetzung dem aufwändigen elektronisch geregelten Quadra-Drive-System des Grand Cherokee Overland mindestens ebenbürtig. Simple Mechanik ist im Gelände nach wie vor das Maß der Dinge.

## Jeep Grand Cherokee 3.0 V6 Multijet 4x4 Overland

| | |
|---|---|
| *Grundpreis* | 25.000 – 30.000 Euro |
| *Außenmaße* | 4822 x 1943 x 1781 mm |
| *Kofferraumvolumen* | 782 bis 1554 l |
| *Hubraum / Motor* | 2987 cm³ / 6-Zylinder |
| *Leistung* | 177 kW / 241 PS bei 4000 U/min |
| *Höchstgeschwindigkeit* | 202 km/h |
| *0-100 km/h* | 8,7 s |
| *Verbrauch* | 8,3 l/100 km |
| *Testverbrauch* | 12,4 l/100 km |

Vorbildlich: Die Bergabfahrkontrolle. Sie lässt sich über den Getriebe-Schalthebel steuern, je nach vorgewähltem Gang wird das Tempo variiert. In der ersten Stufe kriecht der Jeep mit 1-2 km/h den Berg hinunter.

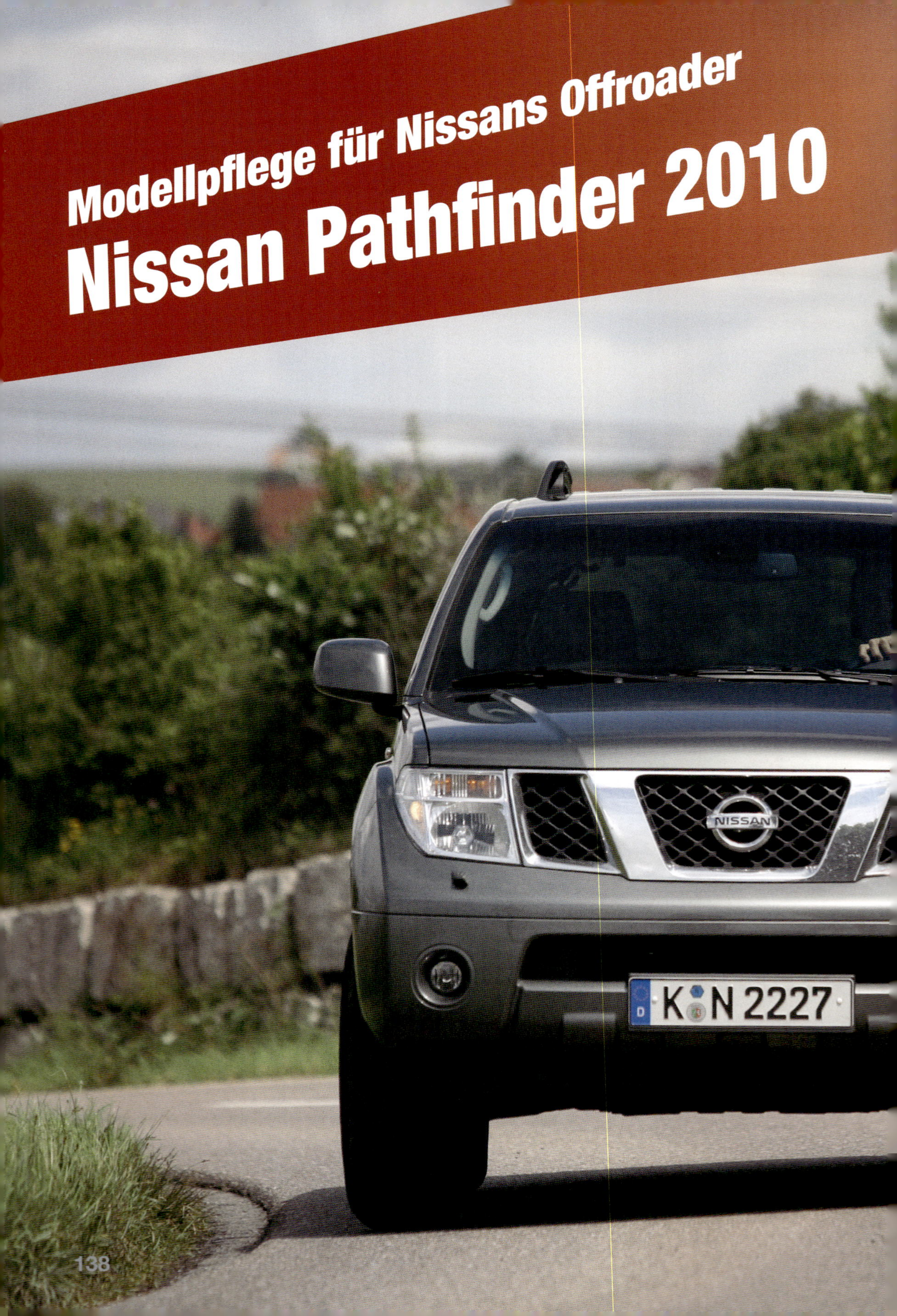
Modellpflege für Nissans Offroader
Nissan Pathfinder 2010
NISSAN
K N 2227

**_Zur Hälfte des Produktzyklus überarbeitete Nissan 2010 seinen Pathfinder. Der Vierzylinder-Dieselmotor wurde entkernt und von Grund auf neu konstruiert, gleichzeitig wartet auf leistungshungrige Fans ab sofort ein V6-Diesel mit 231 PS. 190 PS mobilisiert der Vierzylinder nun, das Drehmoment wuchs auf 450 Newtonmeter._**

Das ist im Alltag mehr als genug Stoff, um mit dem 2,2 Tonnen schweren Siebensitzer rasch unterwegs zu sein. Elf Sekunden genügen dem neu motorisierten Pathfinder für den Spurt auf Tempo 100, der Vortrieb endet bei 186 km/h.

## Äusserlich fällt das 2010er-Facelift kaum auf

Optische Signale für die Modellpflege finden sich an Front und Heck. Stoßfänger, Motorhaube, Kühlergrill und Scheinwerfer (Xenon optional) wurden neu gezeichnet, was allerdings nur Insidern wirklich auffällt. Gleichzeitig erhält der Innenraum einigen Feinschliff. Instrumente, Stoffbezüge und Seitenverkleidungen sind neu, außerdem wurden einige Bedienelemente wie der Allrad-Drehschalter oder die nun hinterleuchteten Schalter im Multifunktionslenkrad überarbeitet. Die Handhabung des Multimedia-Navigationssystems ist nun einfacher. Neben dem überarbeiteten und deutlich größeren zentralen Bedienknopf lässt es sich auch per Sprache oder Bildschirmsteuerung handhaben.

Der Funktionsumfang ist je nach Ausstattungsversion um einige nützliche Details angewachsen. Besonders praktisch ist der neue Speedlimiter für den Tempomaten, mit dem sich ein Maximaltempo einstellen lässt. Im dichten Verkehr auf tempolimitierten Strecken ein hilfreiches Detail.

## MODELLPFLEGE FÜR NISSANS OFFROADER

Das Design der Scheinwerfer wurde überarbeitet, der Vorbau wuchs im Zuge des Fussgängerschutzes um acht Zentimeter in die Länge. Ansonsten ist der optische Unterschied zum Vorgänger minimal.

Zwei neue Motoren treiben den Pathfinder an. Die Leistung des überarbeiteten Vierzylinder-Diesel wächst auf 190 PS, das Drehmoment auf 450 Newtonmeter.

Der Nissan Pathfinder erhielt für 2010 ein Facelift. Die äusserlichen Änderungen waren eher moderat, an der Technik wurde dagegen kräftig Hand angelegt.

Der Pathfinder kann wahlweise mit Heckantrieb, automatischem Allrad, gesperrtem Verteilergetriebe oder Geländeuntersetzung gefahren werden. Das robuste Fahrwerk, der Leiterrahmen und eine Geländeuntersetzung machen den Pathfinder durchaus fit für gröbere Unternehmungen.

Der neue V6-Diesel mit 231 PS und 550 Newtonmeter Drehmoment ist ausschließlich in Kombination mit der ebenfalls neuen Siebenstufen-Automatik und in Vollausstattung zu haben. 54.000 Euro wurden seitens Nissan als erste Hausnummer für den Preis genannt, eine komplette Preisliste für den neuen Modelljahrgang liegt noch nicht vor. Neben dem gesteigerten Fahrkomfort und der souveränen Leistung empfiehlt sich der V6-Pathfinder auch für Gespannfahrer, er darf mit 3,5 Tonnen 500 Kilo mehr an den Haken nehmen als der Vierzylinder-Diesel. Für den 2.5 DCI bleibt es bei der bekannten, nicht sonderlich agilen Fünfgang-Automatik, Standard ist das Sechsgang-Schaltgetriebe.

## Nissan Pathfinder 2.5 dCi SE

| | |
|---|---|
| *Grundpreis* | 10.000 – 15.000 Euro |
| *Außenmaße* | 4813 x 1848 x 1862 mm |
| *Kofferraumvolumen* | 190 bis 2091 l |
| *Hubraum / Motor* | 2488 $cm^3$ / 4-Zylinder |
| *Leistung* | 140 kW / 190 PS bei 3600 U/min |
| *Höchstgeschwindigkeit* | 186 km/h |
| *Verbrauch* | 9,0 l/100 km |

## Der große Quertreiber

# Audi Q7 3.0 TDI

***Nicht nur grössenmässig ein Mordstrumm, auch preislich in Regionen, bei denen Normalverdienern die Luft wegbleibt: Exakt 71.256,37 Euro riefen die Ingolstädter seinerzeit für unser Testmodell auf, das immerhin Extras für rund 20.500 Euro an Bord hatte.***

Audi und Allrad – da denken viele nur an die Quattro-Modelle. Zu Unrecht, denn in der bewegten Geschichte der Marke gab es auch wegweisende Geländewagen-Entwicklungen. Zigtausende Rekruten schaukelten beispielsweise im fröhlich Zweitakt-Wölkchen ausstoßenden DKW Munga über die Truppenübungsplätze – seinerzeit eine Entwicklung der Auto Union, Vorläufer der heutigen Audi AG. Auch der VW Iltis, Nachfolger des Munga und nicht minder legendärer Geländegänger, wurde von Audi und mitnichten in Wolfsburg entwickelt, teilweise sogar in Ingolstadt gebaut. Dieser Iltis soll den damaligen Audi-Testleiter Jörg Bensinger derart beeindruckt haben, dass er Ferdinand Piëch zur Entwicklung des Audi Quattro drängte.

### Der grosse Audi Q7 im Supertest

Mit militärischem Gerät indes hat Audi heute längst nichts mehr am Hut, die Marke hat sich zur hippen Alternative im so genannten Premiumsegment gemausert. Dazu passt der Audi Q7. Nicht nur größenmäßig ein Mordstrumm, auch preislich in Regionen, bei denen Normalverdienern die Luft wegbleibt: Exakt 71.256,37 Euro riefen die Ingolstädter seinerzeit für unser Testmodell auf, das immerhin Extras für rund 20.500 Euro an Bord hatte. Nicht unbedingt eine Preisklasse, die man gern mal im bodenlosen Morast versenkt oder an der nächsten Felswand zerschrammt.

Die Hochgeschwindigkeitsreifen auf den schicken Schmiederädern wurden gegen robuste Goodyear Wrangler-AT/R auf Serien-Alus ge-

EXAKT 71.256,37 EURO KOSTETE DER SUPERTEST-KANDIDAT AB WERK. DAFÜR HATTE ER ALLERDINGS AUCH EXTRAS IM WERT VON RUND 20.500 EURO AN BORD.

tauscht (mit Freigabe bis 190 km/h auch problemlos auf der Straße zu fahren), und auf unserem Testgelände in Horstwalde plätscherte schon mal das Wasser in die Grube. Wer öfter ins Gelände fährt, weiß: Gerade mit einem veritablen Schiff wie dem Q7 hat man genug damit zu tun, nirgends anzuecken. Entsprechend muss man sich darauf verlassen, dass im Zweifelsfall kein bösartig gesinnter Baumstumpf, der sich unter der Grasnarbe versteckt, Verwüstungen im Untergrund des teuren Geräts anrichtet. Die entsprechende Vorsorge bei der Konstruktion ist beim Q7 zwar im Ansatz ordentlich, aber nicht völlig zufriedenstellend gelöst.

Die Verwindungsbahn absolvierte der Q7 ebenfalls nicht frei von Überraschungen. Besorgnis erregten starke Knackgeräusche aus der Gegend des Dachhimmels, die offensichtlich auf eine erhebliche Verspannung der Karosserie hinwiesen. Interessant: Ein zum Vergleich mitfahrender Benziner-Q7 knackte an denselben Stellen und war anschließend ebenfalls ruhig. Wahrscheinlich lösten sich hier Verklebungen aus der Endmontage des Dachhimmels. Negative Auswirkungen waren im weiteren Testbetrieb der beiden Audis nicht festzustellen. Keine Klappergeräusche, selbst im Geländetest ließen sich die Knarzlaute nicht mehr vernehmen.

### *DREI LITER GROSSER TURBODIESEL*

Eine Scharte, die es im Handling-Test auszuwetzen galt: Hier endlich konnte der dicke Brummer richtig auftrumpfen. Gewaltig, wie der drei Liter große Turbodiesel angreift und den Fünfmeter-Klotz durch den Tiefsand drischt. Erstaunlich, wie agil sich der Brocken dabei hin und her werfen lässt. Da möchte man direkt eine Dakar-Sonderprüfung starten und das Gas mal richtig stehen lassen.

Das Wasserbecken war in der Zwischenzeit auf exakt 535 Millimeter Höhe geflutet, die Wattiefe, die Audi für die höchste Offroad-Stellung des Fahrwerks freigibt. Die gute Nachricht zuerst: Nasse Füße holt man sich im Q7 nicht. Die nicht ganz so guten News: siehe unter Bewertung »Wat-Verhalten«.

### *TRIAL-STRECKE NICHT DIE WELT DES AUDI Q7*

Eine andere Übung, die man offenbar tunlichst vermeiden sollte, ist das Zirkeln durch enge Passagen. In der Trial-Strecke offenbarte der Audi das, was wir angesichts seiner herrschaftlichen Abmessungen – er ist sogar breiter als der Mercedes GL – ohnehin schon ahnten: Spaß ist anders.

Das System des Luftfederfahrwerks im Q7 ist bekannt von VW Touareg und Porsche Cayenne, die auf der gleichen Plattform basieren. Allerdings hat es Audi geschafft, auch in der höchsten Offroad-Stellung Restkomfort zu erreichen, die Besatzung wird bei Unebenheiten und Schlaglöchern nicht gar so vehement durchgeschüttelt. Das zeigte sich besonders am Geröllhang. Außerdem ein anderes Detail: Wie beim Mitsubishi Pajero ist die Bergabfahrkontrolle darauf geeicht, erst dann einzuschreiten, wenn ein Rad den Bodenkontakt verliert. Im Geröllhang sprach sie an, auf den Steigungsbahnen mit festem Untergrund systembedingt leider nicht. Schade drum – ein simpler Schalter, mit dem sich die Bergabfahrkontrolle in jeder Geländesituation manuell zu Hilfe rufen lässt, wäre die sinnvollere Lösung. Nicht nur dort, auch auf glatten, steilen Bergstraßen könnte das bei 2,4 Tonnen Leergewicht zur Fahrsicherheit beitragen. So aber fuhr der Q7 auf den Steigungsbahnen in der Bergab-Wertung das bislang schlechteste Ergebnis im Supertest ein, sogar der ebenfalls untersetzungsfreie Daihatsu Terios war hier besser.

Da gibt es bessere Einsatzgebiete für das Dickschiff aus dem Süden: mahlen, graben, wühlen zum Beispiel. Egal, ob auf nasser Wiese beim Rangieren eines Pferdeanhängers oder auf der Flucht vor dem Alltag durch Afrika: Wenn es darum geht, die bemerkenswerte Motorpower im Verbund mit der astrein schaltenden Sechsgangautomatik in Vortrieb umzusetzen, spielt der Q7 großes Kino ab. Da vermisst dann keiner mehr eine Untersetzung oder eine mechanische Achssperre, denn dann gibt's nur noch eine Richtung: vorwärts. Auch wenn der nur scheinbar allwissende Computer gelegentlich dazwischenhext und Entscheidungen trifft, die ein konventionell arbeitendes Hirn des durchschnittlichen Offroad-Fahrers nicht ganz nachvollziehen kann: Reduzieren der Motorkraft beispielsweise, wenn es gerade um die sprichwörtliche Wurst geht. Doch letztlich gräbt sich der Ingolstädter Riese unbeirrbar durch.

Und das ist das eigentlich überraschende Ergebnis des Supertests: Wenn es darum geht, sehr komfortabel von A nach B zu kommen, ist der Q7 nicht nur auf Asphalt im wahrsten Sinne eine Größe. Der ackert sich sogar dann noch durch, wenn man in technisch eigentlich besser geeigneten reinrassigen Geländewagen die Reißleine zieht und alle Hoffnung fahren lässt.

Gut, dass der Q7 einen Diesel unter der Haube hat, der über jede Diskussion erhaben ist. Mit diesem Motor gelingen die Sand-Etappen trotz des mächtigen Gewichts unspektakulär.

# Die Supertest-Wertungen

## Unterboden

Ein bisschen zu viel angedeutet: Der vordere Unterfahrschutz ist aus Kunststoff, auf einen Puffer gegen Beschädigung hofft man an dieser Stelle vergebens. Er ist auch keine Hilfe vor Schwallwasser, wie sich später im Supertest leider zeigt. Vor dem Verteilergetriebe liegt ein kräftig dimensionierter Querträger, der teure Blessuren vermeiden hilft. Die Seitenschweller dagegen sind völlig ungeschützt der eventuellen Kaltverformung preisgegeben. Gut gelöst: ein Schutzblech an der Kante des Kraftstofftanks, der weit aus dem Unterboden herausragt. Weniger gut: die tief montierte Auspuffanlage mit ihrem gewaltigen Sammler am Heck. Da heißt es vorsichtig sein, um nicht teure Dellen zu provozieren.

## Verschränkung

Auf der ersten Bahn knackt es gewaltig im Gebälk – so richtig steif scheint die Karosserie nicht zu sein. Anschließend herrscht aber Ruhe. Das gilt nicht für die Traktionskontrolle: Hebt in der ersten Sektionshälfte nur ein Rad ab, funktioniert sie mustergültig. Wippt der Q7 allerdings im zweiten Teil mangels Verschränkung auf zwei Rädern, wird es ungemütlich. Teils rutscht der schwere Audi unkontrollierbar zurück, viel Drehzahl ist nötig, um ihn wieder nach vorn zu bringen – wenig souverän. Die Böschungswinkel sind mehr als mäßig – lange Nase, feister Hecküberhang. Die Bauchfreiheit ist nicht viel besser. Nur mit aufmerksamer Einweisung übersteht der Q7 diese Sektion ohne Beschädigung.

## Fahrwerk

Das Luftfederfahrwerk ist in der höchsten Stufe nicht ganz so steif wie bei den Klassenkameraden von VW, Porsche und Mercedes. Entsprechend würfelt es die Besatzung nicht gar so arg durcheinander, wenn sich der Untergrund von der fiesen Seite zeigt. Die Federung ist aber immer noch so unsensibel, dass die Räder hier nicht den Bodenkontakt halten können. Vorteil: Die Bergabfahrkontrolle spricht an. Allerdings geht es trotzdem unanständig schnell mit schnarrenden Bremsen bergab, mit mehr als 10 km/h auf dem Tacho. Offroad-Neulinge könnten da durchaus Schweißausbrüche bekommen. Bergauf ist dagegen weniger ein Thema, das regeln die Motorkraft und die super Automatik. Doch auch dort muss die Elektronik eingreifen, um den Erfolg zu gewährleisten.

Mit ausgeklappten Spiegeln war der Q7 für einige Tests zu breit. Auch die Aussensicht lässt zu Wünschen übrig. Ergo: Wenn Bäume im Fahrweg auftauchen, rufen Sie einen Einweiser zu Hilfe. Sonst wird es unerquicklich.

Verkürztes Resultat aus insgesamt 32 Durchläufen bergauf und bergab auf den Steigungsbahnen: Bergauf geht die Post ab. Den Test in Gegenrichtung könnte jedoch womöglich sogar ein Audi A6 besser bewältigen.

### Steigfähigkeit

Rauf immer, runter nimmer: Verkürztes Resultat aus insgesamt 32 Durchläufen bergauf und bergab auf den Steigungsbahnen des Supertests. Die Fakten: Bergauf geht die Post ab. Da stürmt der Q7 nach oben, als gäbe es kein Morgen. Sogar die steilste Bahn fertigt er souverän bei gleichbleibend 1800 U/min ab. Hält selbst bei Prozent Steigung mit der Berganfahrhilfe unverrückbar an, um anschließend gemütlich weiterzuklettern. Ein großer, starker Bär in Bestform. Den Test in Gegenrichtung könnte womöglich sogar ein Audi A6 besser bewältigen. Im gesperrten ersten Gang der Automatik nimmt der Q7 schon bei harmlosen Prozenten tüchtig Fahrt auf und muss vom Fahrer gebremst werden, bei 20 Prozent reicht die Motorbremse gerade so. Die Bergabfahrkontrolle bleibt unter diesen Bedingungen – vom Hersteller so gewollt – funktionslos. Warum nur?

### Handling

Eigentlich sollten wir nörgeln, weil sich das abgeschaltete ESP im Handlingtest letztlich doch zu Wort meldete. Doch das wäre unverdient. Der Schleuder-Verhinderer tritt nämlich erst in Erscheinung, wenn man es wirklich arg treibt und mit Vollgas die Grätsche macht, rechtwinklig einschlägt. Solche Manöver hat der schlaue Rechner nicht in seinem Datenfundus. Alles andere lässt er jedoch großzügig gewähren, und das ist eine Menge. Mit schierer Power ballert der Q7 wirklich Aufsehen erregend durch den Lockersand, lässt sich problemlos lenken, schaltet lässig bis zur dritten Stufe durch. Mit dieser Auslegung verlieren endlose Wüstenetappen jeden Schrecken, da ist man lange vor vielen anderen am Ziel.

### Wat-Verhalten

Doppelte Türdichtungen: Da kommt noch nicht einmal ein Stäubchen durch, geschweige denn Wasser. Allerdings sollte man in Ingolstadt die freigegebene Wattiefe gründlich überdenken: Trotz sehr langsamer Einfahrt spritzt Schwallwasser bis in die letzten Ecken des Motorraums. Der Luftfilter bleibt jedoch strohtrocken, keine Gefahr für den Motor. Unschöne Ergebnisse jedoch andernorts: Die Nebelscheinwerfer verwandeln sich in schicke Aquarien, die vorderen Blinker zeigen Kondensnässe.

Und trotz laufenden Motors dringt Wasser in die Auspuffanlage, was Fehlermeldungen vom Partikelfiltersystem zur Folge hat. Leider reduziert die Motorsteuerung deshalb kurzfristig auch radikal die Leistung.

## DER GROSSE QUERTREIBER

### *Übersichtlichkeit / Wendigkeit*

Kurz-Fazit: Das geht einfach nicht. Mit ausgeklappten Spiegeln passt der Q7 nicht durch die in Normbreite gesteckten Tore. Zu breit. Selbst mit per Knopfdruck eingeklappten Ohren kommt nicht allzu große Freude auf. Dieses Schlachtschiff durch enges Geläuf zu zirkeln, nötigt der Besatzung entweder größten Gleichmut oder eine gehörige Portion Galgenhumor ab. Dummerweise lassen sich noch nicht einmal die Fahrzeugenden einigermaßen korrekt vom Piloten einschätzen: Von der Front mit der gerundeten Nase sieht man rein gar nichts, hinten kann allenfalls die Rückfahrkamera helfen. Ergo: Wenn Bäume im Fahrweg auftauchen und Sie in einem Q7 sitzen, rufen Sie einen Einweiser zu Hilfe. Sonst wird es unerquicklich.

### *Traktion*

Gut, dass der Q7 einen Diesel unter der Haube hat, der über jede Diskussion erhaben ist. Mit diesem Motor gelingt die Tiefsand-Etappe trotz des mächtigen Gewichts unspektakulär. Es ist zwar spürbar, dass der Motor ordentlich schuften muss, doch was zählt, ist das Ergebnis. Die Traktionskontrolle arbeitet sauber, die Automatik schaltet weich und ruckfrei, und die neuen Goodyear-AT/R sind hier in ihrem Element, passen perfekt zum Auto. Für häufigen Geländeeinsatz eine lohnende Investition. Beim Anfahren über den herbeigebremsten Keil müht sich der schwere Q7 schon mehr und muss ein bisschen graben, bis es vorwärts geht. Die Gefahr, den silbernen Riesen einzusanden, besteht aber zu keiner Zeit.

### *Antriebssystem*

Neben der Handling-Strecke die Paradedisziplin des Q7. Na ja, beinahe. Mit stoischer Ruhe und sattem Sechszylinder-Beat gräbt sich der Audi hangaufwärts. Ohne Anlauf, auch mitten aus dem Berg. Die Traktionskontrolle arbeitet größtenteils, wie sie soll – obwohl mit einer echten Sperre in dieser Situation mehr auszurichten wäre. Abermals Hammer: der Motor. Ab etwa 1.300 Umdrehungen geht es richtig los, ab 1.750 Touren liegen 500 Newtonmeter Drehmoment an. Einzig die Motorsteuerung benimmt sich zum wiederholten Mal eigenwillig: Mittendrin in der allerschönsten Wühlerei, der Gasfuß steht auf Anschlag, macht sie die Welle – regelt die Leistung runter, dreht wieder auf, regelt wieder ab. Trotz selbstverständlich abgeschaltetem ESP. Schade. Wäre diese Eigenart nicht gewesen, der Q7 hätte noch mehr Punkte sammeln können. Und das, obwohl er ohne Geländereduktion antrat. Dennoch schneidet der Audi hier überdurchschnittlich gut ab.

Der Hammer: der Motor. Ab etwa 1.300 Umdrehungen geht es richtig los, ab 1.750 Touren liegen 500 Newtonmeter Drehmoment an.

Blick ins Cockpit des Q7. Von hier aus herrscht der Chauffeur mit der astrein schaltenden Sechsgangautomatik über die beachtliche Motorpower. Ganz grosses Kino.

Audi und Allrad: Der Q7 ist zwar nicht unbedingt ein Offroad-Meister, aber wenn es darum geht, sehr komfortabel von A nach B zu kommen, ist der Q7 nicht nur auf Asphalt im wahrsten Sinne eine Grösse.

### Fazit

Es gehört eine Menge Überwindung dazu, ein derart großes und exorbitant teures Luxus-SUV so unverfroren durch schweres Gelände zu werfen, wie es unser Supertest verlangt. Der enthüllt erstens, dass der Q7 offroad mehr kann, als mancher ihm zutraut, und zweitens, wozu er nicht so recht taugt: Wasserdurchfahrten bitte sein lassen, nicht im Wald verirren und nie versuchen, einem gut verschränkenden Geländewagen auf seinem Weg durch extreme Hügellandschaft zu folgen. Es gibt sonst hässliche Geräusche und wird unnötig teuer. Wirklich umwerfend dagegen: die Motorpower und deren Umsetzung.

### Audi Q7 3.0 TDI Quattro Luftfederung

| | |
|---|---|
| *Grundpreis* | 20.000 – 25.000 Euro |
| *Außenmaße* | 5086 x 1983 x 1697 mm |
| *Kofferraumvolumen* | 775 bis 2035 l |
| *Hubraum / Motor* | 2967 cm³ / 6-Zylinder |
| *Leistung* | 171 kW / 233 PS bei 4000 U/min |
| *Höchstgeschwindigkeit* | 216 km/h |
| *0-100 km/h* | 8,2 s |
| *Verbrauch* | 10,6 l/100 km |
| *Testverbrauch* | 12,7 l/100 km |

Schwachpunkt: Die tief montierte Auspuffanlage mit ihrem gewaltigen Sammler am Heck. Da heisst es vorsichtig sein, um nicht teure Dellen zu provozieren.

Die Hochgeschwindigkeitsreifen auf den schicken Schmiederädern wurden gegen robuste Goodyear Wrangler-AT/R auf Serien-Alus getauscht.

Auf der Strecke ist der Q7 top. Aber Wasserdurchfahrten bitte sein lassen, nicht im Wald verirren und nie versuchen, einem gut verschränkenden Geländewagen auf seinem Weg durch die Hügellandschaft zu folgen.

Der große Bayer im Gelände
BMW X5 xDrive35d

**Der BMW X5 zählt zu den erfolgreichsten Sportlern unter den 4Wheelern. Doch wie verhält sich das 4,85 Meter lange und 2,3 Tonnen schwere Dickschiff im Gelände?**

Das Jahr 1999 hat bei BMW einen besonderen Stellenwert: Damals präsentierten die Bayern ihr erstes Allradauto mit Gelände-Ambitionen, den X5. Gebaut im US-Werk Spartanburg, South Carolina, soll der massige Offroader mit dem Produkt-Code E53 von Anfang an eine besondere Rolle spielen: BMW bezeichnet den X5 als SAV (Sports Activity Vehicle).

Damit will man den BMW X5 vom Rest der Allradwelt unterscheiden: als besonders fahraktiven, sportlichen Vertreter seiner Zunft. Das Ziel wurde erreicht. Von Beginn an überzeugte der X5 nicht nur durch seine hohe Fertigungsqualität (ein Punkt, mit dem der im Nachbarstaat Alabama gebaute Konkurrent Mercedes ML in den Anfangsjahren arg zu kämpfen hatte), sondern auch mit seinem messerscharfen Handling. So etwas hatte es bis dato im Geländewagen-Lager noch nicht gegeben.

Beeindruckendstes Beispiel: die 7:49-Minuten-Runde von Hans-Joachim Stuck auf dem Nürburgring, gefahren im X5LeMans-Prototypen mit 700-PS-V12. Der Verkaufserfolg gab den Bayern Recht, darauf hatte der Markt offensichtlich gewartet: Seit seiner Deutschland-Premiere im Jahr 2000 gehört der X5 zu den meistverkauften Geländewagen bei uns.

Im März 2007 – in den USA schon zum Produktionsbeginn Ende 2006 – ist der Nachfolger gestartet: der X5 mit dem Werkscode E70. Erheblich größer, mit neuen Motoren, überarbeitetem xDrive-Allradsystem und weiterhin dem Willen, Maßstab im Bereich der sportlichen Geländegänger zu sein. Für das Modelljahr 2008 kamen noch weitere Feinheiten an Bord. Allen voran der prächtige Dreiliter-Biturbo-Diesel, der satte 286 PS liefert. Und mit grünem Anstrich daherkommt: Ab sofort hält auch beim X5 Efficient Dynamics Einzug – jenes Konzept, das unter anderem mit Bremsenergie-Rückgewinnung, bedarfsweise abgeschalteten Komponenten wie Lichtmaschine und Klimakompressor oder verbesserter Aerodynamik zur entsprechenden Verbrauchsreduzierung führen soll.

Extrem sparsam wird der 580-Newtonmeter-Bulle damit jedoch nicht, 2,3 Tonnen Leergewicht fordern ihren Tribut. Einen Rückschritt gegenüber dem Vorgänger E53 gibt es aber auch: Der bot mit der optionalen Luftfederung noch die Möglichkeit, per Schalter für den Geländebetrieb ein paar Zentimeter zusätzliche Bodenfreiheit herauszukitzeln.

## Die Supertest-Wertungen

### Unterboden

Auf den ersten Blick wirkt das alles sauber gemacht: Großflächige Verkleidungen ziehen sich bis nach hinten. Beim Nachfassen wird allerdings klar: Fast alles Plastik, reine Aerodynamik-Hilfen, kein echter Schutz. Ungewöhnlich: Die Hinterachs-Bremsleitungen flattern lose hinter dem Achsquerträger, das muss nicht sein und ist bei hochspreizenden Ästen gefährlich. Der ungeschützte Seitenschweller liegt extrem tief. Weit unten sitzt auch der Endschalldämpfer, von dem die beiden Auspuffrohre abzweigen. Hier kann es auf felsigem Untergrund schnell zu Beschädigungen kommen. Die reichlichen Verkleidungen verbessern zwar die Aerodynamik auf der Straße, doch bei einer Schlammfahrt wird kiloweise Material aufgesammelt, dessen anschließende Entfernung zur echten Fleißarbeit ausarten dürfte. Nur unter dem Motor ist statt Kunststoff ein echter Blechunterfahrschutz verbaut. Noch tiefer als das Hinterachsdifferential schlängelt sich das Edelstahl-Rohr der Auspuffanlage bis zum Endtopf.

### Verschränkung

Ratlos sehen sich die Testfahrer an, als der X5 bereits auf der gemäßigten, mit nur 50 Punkten bewerteten ersten Teilstrecke der Verwindungsbahn hörbar über den Boden schabt. So schlecht? Die Traktionskontrolle gibt sich verwirrt, bei zwei Rädern in der Luft geht es nur mit viel Gas voran. Es kommt noch ärger: Auf Bahn 2 muss bereits im ersten Drittel abgebrochen werden. Der X5 setzt auf, eine Weiterfahrt wäre nur mit Beschädigung möglich, das ersparen wir uns und dem BMW. So etwas kann er definitiv nicht, er beendet damit als erster »Abbrecher« die Verwindungsbahn: Vor ihm haben alle Supertest-Kandidaten diese Disziplin geschafft. Manche irgendwie, manche überragend.

### Fahrwerk

Holper, holper, holper! Das ist die Bildsprache im Comic-Stil, die sich bei der Begutachtung des großen BMW im Geröllhang zwangsläufig ergibt. Bergab macht es ohne die aktivierte Hill-Descent-Control und mit eiligst zu Tal rauschendem BMW keinen großen Spaß, auch mit HDC rüttelt der X5 die Besatzung ordentlich durch, nur eben bei langsamer Fahrt. Die Federung hat spürbar Mühe, Bodenkontakt zu halten. Ohne HDC wäre das auf einer langen Bergabstrecke im verworfenen Gelände ein richtiges Abenteuer. Bergauf besinnt sich der BMW seiner Traktionskontrolle und treibt die schwere Fuhre in Schrittgeschwindigkeit lässig nach oben. Allerdings etwas ruckartig: Das sehr sensibel reagierende Gaspedal, die permanenten Impulse vom Untergrund – daraus resultieren ständige kleine Gasstöße und eine entsprechend unharmonische Fahrweise, so sehr man sich auch anstrengt. Das gilt insbesondere für die manuell geschaltete Fahrt im ersten Gang – in Stufe D des Automatikgetriebes fährt er im zweiten an.

### Steigfähigkeit

Ohne Hill-Descent-Control nimmt der BMW bereits bei der 20-Prozent-Steigung bergab Tempo auf, mit aktiviertem HDC zeigt er sich dagegen absolut souverän. Störend jedoch: Die Regelung über den Hebel des Tempomaten muss bei jedem HDC-Einsatz neu vorgenommen werden, sie startet stets bei 9 km/h. Auf extremen Steilstücken ist das zu schnell. Bergauf geht dem Dreiliter-Diesel so schnell nicht das Schmalz aus – selbst die steilste Messstrecke bezwingt er mit jeder gewünschten Geschwindigkeit, ob Schleichfahrt oder im Galopp. Die Berganfahrkontrolle hält den X5 für drei Sekunden fest, nachdem das Bremspedal gelöst wurde. Im steilsten Teilstück greift beim Anfahren im Hang kurz die Traktionskontrolle ein.

### Handling

Hier ist er zu Hause – eine überwältigende Performance. Nicht nur die schiere Kraft des 286-PS-Motors, auch die ausgezeichnete Lenkung und das stramme Fahrwerk leisten Bestes. Das ESP lässt

Der X5 ist per Definition ein Geländegänger, er konkurriert mit Mercedes ML und VW Touareg.

Bergauf bezwingt der Dreiliter-Diesel selbst die steilste Messstrecke. Bergab ist dagenen mehr Umsicht gefragt: Besonders auf winterlich vereisten oder schneebedeckten Strassen im Gebirge ist die Bergabfahrhilfe eine wertvolle Unterstützung..

Bloss keine Schlammfahrten! – Der schicke Innenraum unseres Testwagens samt tiefflorigem Teppich.

Erfreulich: der X5 gibt sich überraschend wendig – die Übersichtlichkeit ist dagegen weniger berauschend.

sich in zwei Stufen entschärfen: Normal abgeschaltet, meldet es sich bei extremem Ausbrechen zu Wort, bei kompletter Deaktivierung bleibt es selbst bei wilden Drifts untätig. Der Power-Diesel lässt den schweren BMW mit unglaublichem Druck durch den tiefen Sand pflügen, baut mächtig Tempo auf – Rallyefeeling pur. Der manuell vorgewählte erste Gang wird jedoch vor Erreichen des Drehzahllimits automatisch ausgeblendet und der zweite eingelegt. Dünen und Tiefsand-Etappen sind zumindest leistungsmäßig und fahrdynamisch ein Kinderspiel. Allerdings wird es dem Antriebsstrang hier bei forcierter Gangart bereits ziemlich warm – durch die Unterbodenverkleidung kann weniger Hitze über die Gehäuseaußenseiten abgeführt werden.

## Wat-Verhalten

500 Millimeter Wattiefe gibt BMW frei, allerdings nur bei Schrittgeschwindigkeit. Man tut gut daran, selbst dieses Tempo zu unterschreiten: Jede größere Bugwelle mündet unmittelbar im Ansaugstutzen, der direkt hinter dem Kühlergrill liegt – akute Wasserschlag-Gefahr! Die doppelten Türdichtungen halten das Wasser zuverlässig draußen. Dafür dringt trotz laufendem Motor Wasser in den voluminösen Endtopf, das mit Gasstößen spektakulär wieder ausgeblasen wird. In die Hohlräume fließt Wasser ein, Schlamm wäre da fatal. Der anspringende E-Lüfter schaufelt den Motorraum voll. Die Scheinwerfer beschlagen leicht. Und: Nach dem Test funktioniert die Heizung nicht mehr. Also: Wasser besser meiden!

## Übersichtlichkeit / Wendigkeit

Mit seinen stattlichen Abmessungen wirkt es zunächst ein bisschen mutig, den Tanz zwischen den eng gesteckten Stangen zu wagen. Doch der X5 gibt sich überraschend wendig und lässt sich mit ein bisschen Rangierarbeit relativ problemlos durchzirkeln – Respekt! Vor engen Waldetappen muss man sich also nicht zu sehr fürchten, wenn man es langsam angeht und die Flanken samt der herausgestellten Radhäuser stets im Rückspiegel beobachtet. Die Übersichtlichkeit ist dagegen nicht berauschend. Den Bug kann man nur

Vorsicht bei Wasserfahrten: Jede grössere Bugwelle mündet unmittelbar im Ansaugstutzen, der direkt hinter dem Kühlergrill liegt - akute Wasserschlag-Gefahr!

erahnen, direkt nach hinten behindern die Kopfstützen und die sich nach unten verbreiternde D-Säule die Sicht. Im Zweifelsfall sollte man also gewissenhafte Mitfahrer als Einweiser mit dabei haben.

## Traktion

Bei der Sektion Sanddurchfahrt gibt es entspannte Gesichter. Trotz des hohen Gewichts bleibt der X5 berechenbar und einfach zu dirigieren. Dazu kommt tüchtig Druck aus dem Maschinenraum. Wie sehr die gute Performance seinem höchst effektiven xDrive-Allradantrieb zuzuschreiben ist, zeigt der Bremstest, bei dem die relativ fein profilierten Reifen ohne nennenswerten Widerstand in Gleitfluggehen und das ABS schier endlos in der Regelphase bleibt. Im Lockersand anfahren gelingt problemlos; überlässt man dem Automatikgetriebe die Auswahl, wird stets im zweiten Gang gestartet. Kräftigeres Wühlen bringt der manuell geschaltete Erste, was auf lockerem Untergrund aber nicht immer von Vorteil ist.

## Antriebssystem

Auch dieser BMW ist eines der modernen Fahrzeuge, bei denen die Elektronik nicht immer nachvollziehbare Entscheidungen trifft. Gerade in dieser Sektion hatten wir das bereits bei mehreren Kandidaten. Egal, in welchem Modus gefahren wird – gelegentlich und ohne erkennbaren Grund gibt es volle Leistungsfreigabe, dann wird wieder in Intervallen abgeregelt. Bis zum Ende des Sandhangs schafft es der X5 nicht. Beim ersten Versuch gräbt er sich ein, beim zweiten Durchlauf meldet der Bordcomputer, dass Überhitzung droht. Klar, dass die Automatik vom Power-Diesel tüchtig durchgequirlt und richtig warm wird. Doch nach nur zwei Durchläufen ergebnislos die Segel zu streichen, bedeutet eine Nullnummer in Teilwertung zwei. Kein Vergnügen, wenn so etwas auf einem richtigen Offroad-Trip fern der Heimat passiert.

### *Fazit*

Bereits zur Markteinführung wurde BMW nicht müde zu betonen, es handele sich beim X5 um ein neuartiges Konzept, kein SUV, sondern ein »SAV«. Dennoch: Der X5 ist per Definition ein Geländegänger, konkurriert mit Mercedes ML und VW Touareg. Offensichtlich aber nur auf der Straße. In unserem Supertest offenbarte der BMW konzeptionelle und konstruktive Defizite in mehreren schweren Sektionen, die von seiner fabelhaften Fahrdynamik nicht aufgefangen werden konnten. Wer sich mit dem großen Münchner in schweres Geläuf wagt, kann im Zweifelsfall böse scheitern.

### *BMW X5 3.0d Sportpaket*

| | |
|---|---|
| *Grundpreis* | ca. 20.000 Euro |
| *Außenmaße* | 4667 x 1872 x 1715 mm |
| *Kofferraumvolumen* | 465 bis 1550 l |
| *Hubraum / Motor* | 2993 cm³ / 6-Zylinder |
| *Leistung* | 160 kW / 218 PS bei 4000 U/min |
| *Höchstgeschwindigkeit* | 210 km/h |
| *Verbrauch* | 9,5 l/100 km |

Der X5 ist zwar per Definition ein Geländegänger, sein eigentliches Terrain ist und bleibt jedoch die Strasse.

Im Lockersand kann der X5 rundum überzeugen: Das elektronisch gesteuerte Allradsystem xDrive mit seiner variablen Kraftverteilung krempelt den tiefen Pudersand auf links - war da was?

Forstbesitzer, Jäger und sonstige Waldfahrer dürfen sich freuen: Mit dem X5 sind sie auch im engen Baumbestand trotz der respektablen Abmessungen bestens ausgerüstet.

## Offroad mit dem 2,4 Tonner

# VW Touareg 3.0 V6 TDI

**EIN TOUAREG IST ZU FEIN FÜRS GELÄNDE? VON WEGEN. IM SANDPARCOURS DES SUPERTESTS TANZT DER 2,4 TONNEN SCHWERE VW TOUAREG V6 TDI EINEN SCHMUTZIGEN MAMBO.**

Schon auf dem Weg zum Prüfgelände fallen die größeren Außenspiegel sowie ein paar neue Tasten im Amaturenbrett ins Auge. So erhielt der Tempomat einen »Adlerblick« – ein Netz von Sensoren überwacht das Umfeld und hält den Abstand zum Vordermann. Wenn nötig, wird automatisch bis zum Stillstand gebremst. Auch neu: der Blick zur Seite. Mit dem Side Scan werden zwei Radarsensoren eingesetzt, die den toten Winkel überwachen. Im Spiegel warnen dann gelb blinkende Streifen den Fahrer beim Spurwechsel vor einer möglichen Kollision. Innen gibt sich der Touareg als feiner Volkswagen und naher Verwandter des vornehmen Phaeton zu erkennen. Alles sieht aus wie aus einem Guss gefertigt. Klappergeräusche sind unbekannt. Die Bedienung ist gewohnt unproblematisch, Neueinsteiger sollten aber schon die Bedienungsanleitung studieren. Und der mächtige Automatikwählhebel wirkt, als könne er die 500 Newtonmeter Drehmoment des Dieselmotors allein übertragen.

## V6-DIESEL MIT KRÄFTIGEM SCHUB

Der V6-Common-Rail-Selbstzünder liefert leise seinen gewaltigen Schub. Wenn es sein muss, beschleunigt er den 2410 Kilogramm schweren Brocken in gerade 8,6 Sekunden aus dem Stand auf Tempo 100. Mit aufwendiger Abgasnachbereitung und serienmäßigem Partikelfilter schafft er trotz seines hohen Gewichts die Euro 4-Norm. Den V6 TDI gibt es in der Grundausstattung mit einem Sechsgang-Schaltgetriebe. Unser Super-

IST SICH DER TOUAREG ZU FEIN FÜR'S GELÄNDE? AUCH FEINER KÜSTENSAND IST FÜR DEN VW-GELÄNDE-BOLIDEN TROTZ DES HOHEN EIGENGEWICHTS KEIN PROBLEM. SCHWIERIGER GESTALTET SICH DAGEGEN DAS ANFAHREN AM SANDHANG.

test-Kandidat schont den linken Fuß und tritt mit dem 2.250 Euro teuren Sechsgang-Automatikgetriebe die Prüfung an. Außerdem reguliert die optionale Luftfederung das Höhenniveau. Das System ist – wie auch die Plattform – bekannt von Audi Q7 und Porsche Cayenne. Abhängig von der Beladung, senkt sie den Wagen auf der Straße bei zunehmender Geschwindigkeit ab und erhöht im Gelände die Bodenfreiheit. Der Abstand zum Boden lässt sich von 195 auf optisch beeindruckende 295 mm vergrößern. Auf Waldwegen mit tiefen Löchern oder auf Kopfsteinpflaster reagiert der VW jedoch recht unsensibel. Zeitweilig tönen Stoßgeräusche aus dem Fahrwerk aufdringlich durch. Erst bei höherem Tempo lässt die Luftfederung in der Komfortstellung deutlich weniger Schläge zu. Auf der Verwindungsbahn hat der VW keine Probleme, durchzukommen, allenfalls das Wie stört: Trotz ausgehängten Stabilisators reicht die Achsverschränkung nicht aus, um alle Räder auf dem Boden zu halten. Zeitweilig wippt der Touareg mit gleich zwei Rädern in der Luft von Hügel zu Hügel. Hier hat die Regelelektronik Schwerstarbeit zu leisten.

### *Im Tiefsand hat der Touareg so seine Mühe*

Was uns ebenfalls nicht gefiel, ist die trotz eingelegter Untersetzung zu hohe Geschwindigkeit bei Standgas. Der Touareg muss so häufiger zusätzlich gebremst werden. Apropos Bremsen: Schon einmal auf Schotter oder im Sand kräftig den Anker geworfen? Das ABS regelt in solchen Fällen, was das Zeug hält, einige Fahrzeuge kommen dann kaum zum Stehen. Nicht so beim optimierten ABS des VW. Durch eine verbesserte Schlupfregelung entsteht vor dem kurzzeitig blockierenden Rad ein Bremskeil. Das System kann den Bremsweg damit auf losem Untergrund deutlich verkürzen. Auf Asphalt stoppt der Wolfsburger mit Serienreifen nach akzeptablen 41 Metern.

Nach der Messfahrt auf befestigtem Testgelände rüsteten wir den VW auf A/T-Reifen der Marke Pirelli Scorpion (235/60 R18) um. Optimale

Traktion finden die Pneus am festen Geröllhang sowie in den Sandpassagen. In Kombination mit dem drehmomentstarken V6-TDI gelingen die Tiefsandetappen trotz des hohen Gewichts locker-flockig. Solange man genügend Schwung in die Etappe mitnehmen kann, ist alles im grünen Bereich. Aber: Anfahren am steilen Tiefsandhang? Hier hat der Touareg seine liebe Mühe. Die Traktionskontrolle lässt den kräftigen Motor nicht frei ackern und greift spürbar ein. Erst mit eingelegten Sperren wühlt sich der Bolide bei konstanter Drehzahl zum Gipfel. Am besten klappt das mit eingelegter Untersetzung und vorgewählter zweiter Fahrstufe der Automatik.

Die mit 65 Prozent steilste Steigungsbahn auf dem Prüfgelände stürmt der VW völlig lässig nach oben. Kurzer Stopp – der Berganfahrassistent hält den Touareg vorbildlich fest. Weiter geht's trotz der weichen A/T-Reifen ohne Traktionsprobleme zum Hochplateau. Abwärts wird der Wolfsburger schon in der 35-Prozent-Steigung durch die Elektronik eingebremst – kaum spürbar allerdings: Mit geruhsamen fünf Kilometern pro Stunde schleicht der große VW bergab. Der konstante Eingriff des Bergabfahrassistenten lässt andererseits die Frage aufkommen, welche Strecken man mit dieser Technik ohne Überhitzung der Anlage zurücklegen kann. Auf Hochgebirgspfaden durchaus ein Thema, wo gemeinhin Fahrzeuge mit wirksamerer Motorbremse im Vorteil sind.

## Die Supertest-Wertungen

### Unterboden

Die maximale Bodenfreiheit beträgt beim luftgefederten VW Touareg knapp 300 Millimeter – vorausgesetzt, das »Xtra Level« wird aktiviert. Damit stakst er wie ein Storch über erstaunlich große Hindernisse. Kommt es dennoch zu Aufsetzern, sind Motor und Getriebe nur dürftig von dünnen Kunststoff-Abdeckungen geschützt. Und die Schweller sowie der teure Endschalldämpfer liegen sogar völlig frei. Gut gelöst: Der 100-Liter-Tank ist von stabilem Kunststoff umhüllt. Insgesamt befindet sich am Unterboden alles in einer Ebene, nichts ragt über und nimmt ungewollt Geäst und Gestrüpp aus dem Wald mit. Beim Rückwärtsrangieren heißt es Vorsicht: Felskontakt hat unschöne Beulen im Auspufftopf zur Folge. Einen robusten Eindruck machen die unteren Querlenker aus Gusseisen und Pressstahl – optimal für harten Einsatz im Gelände. Die freiliegende Verkabelung der Verteilergetriebesteuerung verläuft dagegen ungünstig.

### Verschränkung

Der VW Touareg mit Luftfederung verschränkt besser als ein Audi Q7. Dennoch reicht es nicht, um alle vier Räder in der Verwindungsbahn dort zu behalten, wo sie hingehören – am Boden. Mit ein Grund dafür ist die im hohen Offroad-Modus stark verhärtende Luftfederung, die den Touareg extrem unbeweglich und stocksteif macht. Der VW bezwingt die Teststrecke zwar, wippt allerdings im zweiten Teil auf zwei Rädern. Die Traktionskontrolle hat hier ganze Arbeit zu leisten. Leichte Geräusche von den Türgummis sind Folge der Karosserieverwindung. Positiv: Der schwere Touareg setzt nicht ein einziges Mal auf. Böschungswinkel von 33 Grad vorn und hinten schonen die Kunststoffstoßfänger – ein Verdienst der Höhenverstellung.

## OFFROAD MIT DEM 2,4 TONNER

### Fahrwerk

In diesem Testmodul sind handballgroße Felsbrocken in Beton gegossen. Eine Untersetzung ist für eine kontrollierte Fahrt ohne Schäden Voraussetzung, Differentialsperren sind normalerweise aber nicht nötig. Das straffe Luftfederfahrwerk des Touareg spürt man hier am deutlichsten. In der höchsten Stufe, die zwangsläufig in solch einer felsigen Passage benötigt wird, dringen die Stöße ungedämpft durch. Mercedes GL und Mitsubishi Pajero federn in der Sektion deutlich angenehmer. Hinauf kraxelt der VW mit Untersetzung drehmomentstark ohne Einsatz von Sperren. Die montierten Pirelli Scorpion A/T-Reifen krallen sich optimal ein. Arbeit für die elektronischen Helfer gibt es erst bei der Talfahrt. Der Bergabfahrassistent hält den 2,4-Tonner auf fünf Kilometer pro Stunde, ein Tempo, bei dem man sich wohlfühlt. Leider stuckert die Federung auch hier heftig. Mit Gerumpel geht's langsam hinab, dabei verliert immer wieder ein Rad Bodenkontakt. Die Traktionshilfe regelt dabei jeweils mit kurzem Eingriff.

### Steigfähigkeit

Ein Griff zur Mittelkonsole, Drehschalter auf Low, die Getriebereduktionsstufe ist aktiviert. Erster Test: bergauf. Mühelos zieht der V6-TDI den Touareg Steigungsbahn für Steigungsbahn hinauf –dafür gibt's volle Punktzahl. Die nächste Wertung sieht einen kurzen Stopp im Hang vor, dann die Weiterfahrt. Auch hier 50 Punkte. Der serienmäßige Berganfahrassistent hält den weißen Riesen automatisch fest, wenn der Fahrer den Fuß vom Bremspedal nimmt. Ohne Rückwärtsrollen geht's bei knapp 2000 Touren entspannt weiter nach oben. Bergab packt die Motorbremse aufgrund des Automatikgetriebes gerade noch 35 Prozent Gefälle, dann erledigt die elektronische Bergabfahrhilfe das Abbremsen. Sanft nimmt sie den Touareg an die Kandare, da muss kein spezieller Knopf betätigt werden. Ohne nerviges Bremsengeratter geht es konstant mit automatisch geregelten 5 km/h abwärts.

### Handling

Bei jedem neuen Testkandidaten stellt sich die Frage: Wühlt der sich durch den Sand, oder bremsen die elektronischen Helfer allen Fahrspaß aus? Gleich vorweg: Er wühlt. So pfeilt der Touareg V6-TDI spritzig davon, wenn aufs Gaspedal gedrückt wird. Bereits ab 1500 Touren packt er kräftig zu. Kein Wunder, das maximale Drehmoment von 500 Newtonmetern liegt schon bei 1750 U/min an. Zum dynamischen Mahlen lässt sich das ESP nur in der Untersetzung komplett ausschalten. Ohne aktiviertes Vorgelege ist die Traktions-

Ein Griff zur Mittelkonsole, Drehschalter auf Low, die Getriebereduktionsstufe ist aktiviert. Mühelos zieht der V6-TDI den Touareg Steigungsbahn für Steigungsbahn hinauf. Nur das Anfahren am Sandhand ist problematisch.

Ein weiteres Plus der Touareg-Technik: Der serienmässige Berganfahrassistent hält den VW-Riesen automatisch fest, wenn der Fahrer den Fuss vom Bremspedal nimmt.

## OFFROAD MIT DEM 2,4 TONNER

Gut im Gelände: Droht der Touareg ausser Kontrolle zu geraten, hilft ein Überschlagssensor. Er erkennt Fahrzeugdrehwinkel und Drehwinkelgeschwindigkeit und verhindert mittels ESP-Eingriff ein mögliches Kippen.

Keine Scheu vor dem Wasser: Motor und Innenraum bleiben auch im Gewässer trocken, weil der Ansaugstutzen für Frischluft gut geschützt im inneren Radkasten liegt.

regelung ständig in Bereitschaft, dennoch gibt's genügend Fahrdynamik. Mit stoischer Richtungsstabilität und geringer Aufbaubewegung begeistert der VW. Droht die Fuhre außer Kontrolle zu geraten, hilft beim neuen Touareg ein Überschlagssensor. Er erkennt Fahrzeugdrehwinkel und Drehwinkelgeschwindigkeit und verhindert mittels ESP-Eingriff ein mögliches Kippen. Die elektronische Dämpferregelung hält den Fahrkomfort angenehm.

## Wat-Verhalten

Mit dem Touareg angeln gehen! Motor und Innenraum bleiben auch im Gewässer trocken. Der Ansaugstutzen für Frischluft liegt geschützt im inneren Radkasten. Mit der optionalen Luftfederung kommt der VW auf 580 Millimeter Wattiefe, ohne sie immerhin auf 500 Millimeter. Dreifache Türdichtungen schotten den Innenraum ab. Die Türen selbst laufen aber hörbar voll. Nicht optimal – wer möchte schon die Dreckbrühe aus dem Schlammloch mitnehmen? Wasserdicht sind Scheinwerfer und Rückleuchten. Übrigens: Nach einem unfreiwilligen Bad hilft die ESP-Trockenbremsfunktion. Bei feuchten Witterungsbedingungen werden die Beläge in Intervallen immer wieder leicht angelegt. Ein möglicher Wasserfilm wird somit weggewischt, der Bremsweg verkürzt sich.

## Übersichtlichkeit / Wendigkeit

Nach links kurbeln, nach rechts, dann wieder links – äh, wie stehen jetzt bloß die Vorderräder? Ganz einfach: Navi an, Offroadmodus wählen – und siehe da, eine Grafik zeigt den Lenkeinschlag. Gute Idee für alle, die im Regen einen Trial fahren müssen. Mit Untersetzung lässt sich der nicht gerade wendige VW zum Glück gefühlvoll rangieren, denn diese Übung muss ständig wiederholt werden. Aufgrund seiner üppigen Abmessungen wird die Zirkelei um die Tore zum Geduldsspiel. Die sehr breiten Spiegel lassen sich wenigstens elektrisch anklappen. Doch die Übersichtlichkeit nach vorn geht durch die abfallende Motorhaube leider verloren.

## Traktion

Hinein in den Sandkasten. Hier wartet feinster Küstensand auf den neuen Touareg. Wir legen die Untersetzung ein und durchfahren die Sektion mit konstanten 4500 Umdrehungen. Dank V6-Diesel mit mächtigen 225 PS gelingt es relativ locker – trotz des hohen Eigengewichts. Beim Anfahren gräbt sich das Schwergewicht leicht ein, wühlt sich dann mit Hilfe elektronischer Assistenten aber einfach vorwärts. Nun folgt noch eine Vollbremsung im Sand: »ABS plus« verkürzt den Weg durch optimierten Regelzyklus.

## OFFROAD MIT DEM 2,4 TONNER

Der V6-Common-Rail-Selbstzünder liefert leise seinen gewaltigen Schub. Wenn es sein muss, beschleunigt er den 2410 Kilogramm schweren Brocken in gerade 8,6 Sekunden aus dem Stand auf Tempo 100.

### *Antriebssystem*

Über einen Drehschalter links auf der Mittelkonsole werden Geländereduktion und Lamellensperren für das Zentral- und das Hinterachsdifferential aktiviert. Die Untersetzung darf nur im Stand, die Sperren können auch während der Fahrt zugeschaltet werden. Die Kraftverteilung im Normalfall ist klassisch 50:50. Automatisch wird die stufenlos geregelte Lamellenkupplung der zentralen Sperre von der Fahrwerkelektronik angesteuert. Je nach Anforderung können bis zu 100 Prozent der Antriebskraft an eine der beiden Achsen übertragen werden. Die Hinterachssperre kostet 805 Euro – eine empfehlenswerte Investition, wie sich am Sandhang zeigt: Trotz des abgeschalteten ESP greift die Regelelektronik unbegründet ein. Mit voll durchgetretenem Gaspedal ist ein ständiges Rattern der Bremsen zu spüren, ein Weiterkommen fast nicht möglich. Erst nach dem Zuschalten der beiden Sperren zieht sich die Elektronik zurück, und der Touareg schiebt sich Meter um Meter zum Ziel. Das können andere zum Teil erheblich besser.

Den V6 TDI gibt es in der Grundausstattung mit einem Sechsgang-Schaltgetriebe und 225 PS.

## Fazit

Der VW Touareg hat in seiner Laufbahn schon einiges bewiesen. Die Panamericana durchfuhr er in Rekordzeit; unbemannt und nur vom Computer gesteuert, meisterte er 175 Meilen durch die US-Wüste; er zog eine Boeing 747 ganze 150 Meter weit. Bei der Rallye Dakar mischt der Touareg seit drei Jahren ordentlich mit. Nun hat das VW-SUV auch noch den Supertest bestanden. Mit dem Luftfederfahrwerk ist er voll geländetauglich.

## VW Touareg V6 TDI Luftfederung

| | |
|---|---|
| *Grundpreis* | 10.000 – 15.000 Euro |
| *Außenmaße* | 4754 x 1928 x 1726 mm |
| *Kofferraumvolumen* | 555 bis 1525 l |
| *Hubraum / Motor* | 2967 cm³ / 6-Zylinder |
| *Leistung* | 165 kW / 225 PS bei 4000 U/min |
| *Höchstgeschwindigkeit* | 208 km/h |
| *Verbrauch* | 10,9 l/100 km |

Ganz egal ob Panamericana oder Rallye Dakar: Der Touareg ist bereit für's nächste Abenteuer.

# Pick it up!

Während sich in den vergangenen Jahren viele klassische Geländewagen aus den Sortimenten der etablierten Hersteller verabschiedeten, hat sich mit den Pickpus eine weitere offroad-taugliche Fahrzeuggattung etabliert. Einige dieser robusten Geländegänger sind heute im besten Offroader-Alter – und echte Geheimtipps.

# Pickups für den Alltag

**_Sechs klassische Pickups der 2010er-Jahre treten im grossen Vergleichstest gegeneinander an. Dabei müssen die vierrädrigen Lastesel auch ihre Alltagstauglichkeit beweisen._**

Während die großen Autohersteller sang und klanglos einen nach dem anderen Geländewagen aus dem Programm kegeln und beerdigen, weil an schicken, frontgetriebenen City-SUV viel mehr Geld zu verdienen ist, bleibt eine Gelände-Kategorie erstaunlich standhaft: die Pickups. Haben Sie schon einmal nachgezählt, wie viele Offroader mit mindestens einer Starrachse und Leiterrahmen es in Deutschland noch offiziell zu kaufen gibt? Kleiner Tipp: die meisten davon sind Pickups!

### Moderne Zeiten

Die Zeit ist allerdings auch an den Lasteseln nicht spurlos vorüber gegangen. Die alten, asthmatischen Saugdiesel sind modernen Hightech-Aggregaten gewichen, Assistenzsysteme haben Einzug gehalten, und beim Thema Fahrkomfort muss sich kein moderner Pickup mehr verschämt in die Ecke stellen. Ganz im Gegenteil: im gleichen Maße, wie aus den bärbeißigen Geländewagen früherer Jahrzehnte schmeichelweiche Familien-Offroader wurden, haben auch die Pickups an Manieren zugelegt, schnüren heute leise und mit passablem Federungskomfort durch den Alltag.

Wer sich heute für einen Pickup entscheidet, muss längst nicht mehr die Kompromisse eingehen wie früher. Gerade die Doppelkabiner haben zum Teil erstaunlich viel Platz und bequeme Sitzmöglichkeiten in beiden Reihen, eignen sich so problemlos als Familienauto. Auch im Fahrverhalten haben die Pritschenwagen gewaltig zugelegt, mit seriöser Abstimmung und deutlichen Fortschritten bei Lenkung und Bremsen.

Vorteil Amarok: Bis auf den VW-Pickup traten alle Testwagen mit Trittbrett- und Schwellerrohr-Kunstwerken an, die den Rampenwinkel zusätzlich vermiesen.

Brauchen wir also keine Geländewagen mehr, nachdem die Pickups inzwischen „alles" können? Das wäre die falsche Schlussfolgerung. Denn tatsächlich verlangen Pickups ihren Käufern etliche Kompromisse ab. Da wären zunächst die Kosten: besonders bei Fahrern mit fortgeschrittenem Schadenfreiheitsrabatt bei der Versicherung schlagen die Lkw-Tarife der Pickups deutlicher ins Kontor als eine Pkw-Versicherung. Dafür »darf« die deutlich höhere Pkw-Steuer bezahlt werden, selbst Besitzer von Anderthalbkabinern müssen sich hier zum Teil auf langwierige Scharmützel mit dem Finanzamt einlassen.

## *Pickups im Alltag*

Im Alltags-Einsatz bedarf es auch einer entsprechenden Umsicht, wer mit einem der weit über fünf Meter langen Kleinlaster auf Parkplatzsuche in einer Großstadt geht, wird das bestätigen. Und letztlich: auch wenn Fahrwerke, Lenkungen, Antriebe heute auf hohem Level sind – das »Trucker-Feeling« beim Bewegen eines Pickups bleibt dennoch bestehen, bedingt durch die eher humorfrei gefederten Blattfeder-Hinterachsen und das massive Übersteuern speziell bei leerer Pritsche, das je nach Betrachtungsweise als Riesengaudi oder angsteinflößend beurteilt wird. Immerhin, wilden Heckschwenks auf nasser Straße wirkt zumindest bei aktuellen Modellen das inzwischen überall verfügbare ESP entgegen.

Wer sich also auf einen Pickup einlässt, tut das aus guten Gründen. Denn den genannten Einschränkungen steht ein gewaltiger Nutzwert gegenüber. Baustoffe transportieren, die Enduro auf dem Weg zur Kiesgrube schultern, eine schmucke Wohnkabine in den Urlaub befördern – Pickups sind die berühmten eierlegenden Wollmilchsäue. Und sie kapitulieren nicht vor dem erstbesten Waldweg, wie die auf Abenteuer geschminkten Bürger-Kombis, die in Zeiten des SUV-Booms die Innenstädte verstopfen. Dabei muss allerdings klar sein: ein Trial-Gerät wird keiner der hier getesteten Kleinlaster. Dagegen sprechen ewig langer Radstand und üppiger

Wendekreis. Tatsächlich sind Pickups mehr noch als Serien-Geländewagen auf eine gewisse helfende Hand angewiesen, um auch schweres Gelände unter die Räder nehmen zu können. Die langen Hecküberhänge und vor allem die müden Rampenwinkel können mit etwas Justage per neuem Fahrwerk und größeren Reifen erheblich entschärft werden. Das Gegenteil war jedoch bei unserem Vergleichstest der Fall: bis auf den VW Amarok traten alle Testwagen mit Trittbrett- und Schwellerrohr-Kunstwerken an, die den Rampenwinkel zusätzlich vermiesen.

Erste Pflicht für echte Offroader ist daher, die teils etwas dürftige Serienbasis zu pimpen. Bei VW und Ford genügen für's erste schon größere Reifen, sie bieten genügend Freiraum hierfür und schon in der Serie gut abgestimmte Fahrwerke. Bei den Japanern sollte man gleich zu einem Komplettfahrwerk greifen, die in der Abstimmung mehr Fahrsicherheit auf der Straße bringen und den Kleinlastern auch im Gelände Beine machen. Denn mit verbesserter Boden- und Bauchfreiheit und mehr Kapazität für hohe Beanspruchung werden aus den Pickups tatsächlich (fast) Alleskönner für jeden Einsatz. Wahlweise auch als Einzel- oder Anderthalb-Kabiner, eine Auswahl, die es bei Geländewagen ebenfalls nicht gibt. Schließlich braucht nicht jeder fünf Sitzplätze in seinem Auto.

## Fazit

In unserer Bewertung haben wir in jeder Kategorie maximal fünf Punkte vergeben und addiert. Die Gesamtwertung finden Sie in der Bildergalerie dieses Beitrags.

Gibt es also einen echten Testsieger? Vielleicht nach Punkten, in Wirklichkeit jedoch nicht. Denn an jedem Modell in diesem Vergleich gibt

Der D-Max wurde 2002 als Nachfolger des Isuzu Faster eingeführt. Die hier getestete zweite Generation des Pickups kam 2012 auf den Markt.

es lobenswertes ebenso wie Kritik aufzuführen, den idealen Pickup gibt es (noch?) nicht. Einerseits ist bemerkenswert, wie hoch VW und Ford mit ihren beiden Pickups die Messlatte in diesem Segment legen. Andererseits erstaunt es auch, wie die japanische Konkurrenz dagegenhält.

Dennoch wird es speziell für den Hilux, den L200 und den Navara allmählich Zeit, dass ein Nachfolgemodell antritt – alle drei haben inzwischen fast zehn Jahre auf dem Buckel, das ist auch für einen Pickup viel. Angesichts der vorrangigen Zielgruppe dieser Fahrzeuge, die sicher nicht in Mitteleuropa liegt, müssen wir uns dabei keine Sorgen machen, dass irgendwelche weichgespülten Stadt-Lasterchen dabei herauskommen – auch die Pickups der Zukunft werden noch handfest zupacken können, um in Afrika, Südamerika, Asien und Australien im harten Einsatz bestehen zu können.

Wünschenswert wäre trotz der vergleichsweise bescheidenen Stückzahlen in Deutschland, dass der Kunde mehr Auswahl bekommt. Zum Beispiel den Amarok mit Permanent-Allrad und Untersetzung oder den Ranger und den L200 mit Hinterachssperre.

Kleiner Spoiler: Der Nissan Navara hängt die anderen Testkandidaten sowohl bei der Beschleunigung als auch bei der Höchstgeschwindigkeit ab.

Als weltweit meistverkaufter Midsize-Pickup hat sich der Toyota Hilux über die Jahre weltweit einen Nimbus der Unzerstörbarkeit erarbeitet.

Das Beste aus zwei Welten: Federführend bei der Entwicklung war Ford Australien, das Land, welches weltweit als härtester Pickup-Markt gilt, europäische Entwickler steuerten die Fahrwerksabstimmung bei.

# Ford Ranger

**ANGETRETEN, UM DIE WELT ZU ROCKEN: DER FORD RANGER, JÜNGSTER TEILNEHMER IN UNSEREM VERGLEICH, WURDE ALS »WELTAUTO« KONSTRUIERT. FEDERFÜHREND BEI DER ENTWICKLUNG WAR FORD AUSTRALIEN – DIE NIEDERLASSUNG AUS JENEM LAND, DAS WELTWEIT ALS HÄRTESTER PICKUP-MARKT GILT.**

Während die Australier ihr Wissen um hartes Gelände und heftige Beanspruchung einbrachten, steuerten europäische Ford-Entwickler ihre Expertise in Sachen Fahrwerksabstimmung bei. Im Ergebnis ist der Ford Ranger ein bemerkenswerter Mix aus bekömmlicher Fahrweise und robustem Geländekönner. Das unterstreicht schon alleine die werkseitig freigegebene Wattiefe von 800 Millimetern – im Outback sind die Wasserlöcher etwas tiefer.

## FORD RANGER IM VERGLEICHSTEST: PRIMA FAHRWERK

Im Fahrverhalten gibt der Ford in unserem Vergleich den Ton an: straffe, aber komfortable Federung, auf der Bremse ähnlich energisch wie der Amarok, dazu mit einer (für einen Pickup) bemerkenswert feinfühlig und direkt agierenden Lenkung gesegnet – das ist schon näher am Pkw als am Lastwagen.

Bei der Modernisierung des Ranger-Innenraums sind die Entwickler eventuell etwas zu fröhlich ans Werk gegangen. Der Knopf-Verhau an der Mittelkonsole und auch die verspielt designten Instrumente sind gewöhnungsbedürftig. Das zu kleine, nach hinten geneigte Display der Multimedia-Anzeige ist ein bisschen sparsam, dafür gefällt der im Innenspiegel integrierte Monitor der Rückfahrkamera.

Abseits dieser aufpreispflichtigen Luxus-Extras profiliert sich der Ford Ranger mit der gewaltigsten Zuladung im Vergleich (über eine Tonne) und dem kernigen Biss des 2,2-Liter-Motors. Der zweitkleinste Vierzylinder in diesem Vergleich muss sich vor der Konkurrenz nicht verstecken.

Vergleichsweise eng geht es auf den Rücksitzen zu, wo zum einen die recht steile Rückenlehne und zum anderen die geringe Beinfreiheit auffällt – wer oft Passagiere befördert, sollte hier ausgiebig probesitzen. Für den Geländebetrieb bringt der Ford Ranger 2.2 TDCi eigentlich alles mit, was man einem Standard-Pickup abverlangen kann: elektronische Traktionskontrolle, eine leicht und stufenlos im Tempo justierbare Bergabfahrkontrolle und die kurze Gesamtübersetzung schaffen ausreichend Kletterkompetenz. Die wird in erster Linie von der Bauform limitiert: bei 3,2 Meter Radstand ist oft mit Geräuschen unter dem Auto zu rechnen.

In der Seitenansicht wird der mit 3,2 Meter relativ grosse Radstand deutlich. Er trägt dazu bei, die Kletterkompetenz des Rangers zu limitieren, hier ist im Gelände mit Geräuschen unter dem Auto zu rechnen.

Zu viel des Guten? Der Knopf-Verhau an der Mittelkonsole wirkt gewöhnungsbedürftig …

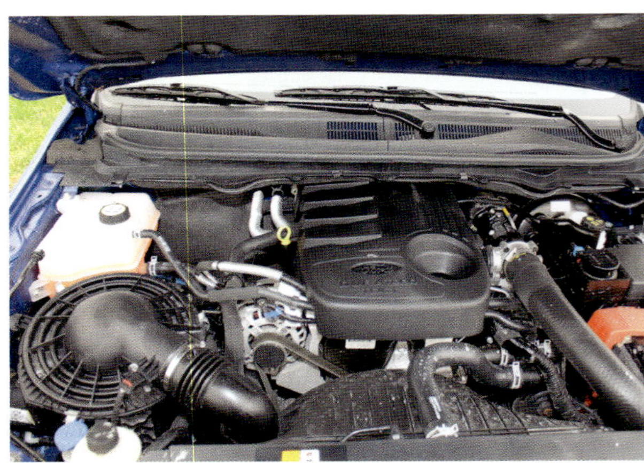

Der 2,2-Liter-Motor ist der zweitkleinste Vierzylinder im Test – dennoch beweist er Biss.

… gleiches gilt für die verspielt designten Instrumente, die nicht recht zu einem Pickup passen wollen.

Vergleichsweise eng geht es auf den Rücksitzen zu, die Rückenlehne erscheint recht steil.

Staufächer im Fussraum vermitteln ein gewisses Mass an Hemdsärmeligkeit.

Der etwas filigran geratene Drehschalter für den Allrad-Antrieb in der Mittelkonsole.

Elektronische Traktionskontrolle, leicht und stufenlos im Tempo justierbare Bergabfahrkontrolle und kurze Gesamtübersetzung machen den Ford Ranger 2.2 TDCi fit für den Geländebetrieb.

Haupt-Kritikpunkt bleibt der eingeschränkte Platz auf der Rückbank ...

... davon abgesehen erscheint der Ranger als stimmigster Pickup der Testreihe.

## Fazit

Im Alltagsbetrieb ist der Ford Ranger der stimmigste Pickup. Seine etwas undurchsichtige Bedienung und die verbesserungsfähigen Platzverhältnisse in der zweiten Reihe fallen jedoch auf. Die enorme Zuladung prädestiniert ihn für schwere Transporte, wobei im Testbetrieb schon mit 500 – 600 Kilo Beladung reichlich Bewegung in die Fuhre kommt. Bedauerlich: die prinzipiell verfügbare Hinterachssperre bietet Ford in Deutschland nicht an.

## Ford Ranger 2.2 Limited

| | |
|---|---|
| **Motor** | R4-Turbodiesel |
| **Hubraum** | 2.198 $cm^3$ |
| **Leistung** | 150 PS |
| **Drehmoment** | 375 Nm |
| **Getriebe** | 6G-Schaltgetriebe |
| **Länge/Breite/Höhe (mm)** | 5351 x 1850 x 1821 |
| **Ladefläche L/B/H (mm)** | 1560 x 1139-1560 x 511 |
| **Testwert 0-100 km/h** | 13,3 s |
| **Testverbrauch** | 9,5 l D |
| $v_{max}$ | 179 km/h |
| **Leergewicht (kg)** | 2.171 |
| **Zuladung (kg)** | 1.029 |
| **Anhängelast (kg)** | 3.350 |
| **Preis** | 22.000 – 28.000 Euro |

# Unterschätzte Größe
# Isuzu D-Max

**Er spielt in diesem Vergleich die Rolle des Underdogs. Gegen die geballte Power von Toyota, Ford oder VW kann Isuzu zumindest in Deutschland nicht gross punkten, besteht die gesamte Marke doch nur aus zwei Nutzfahrzeugen.**

Anders sieht das in Thailand aus, wo der D-Max gebaut wird – dort ist er ein riesiger Kassenschlager. Allerdings sind es meist gerade die unterschätzten Gegner, die sich als hartnäckigste Widersacher entpuppen. Ist es auch beim Isuzu D-Max so?

## Isuzu D-Max im Vergleichstest: Der Preisbrecher

Im Vergleich zu seinem Vorgängermodell ist der neue D-Max viel erwachsener geworden. Das bezieht sich nicht nur auf das Format, sondern auch auf die Alltagstauglichkeit. Der Umstieg auf eine moderne Aufhängung an der Vorderachse hat das einstige Problemgebiet befriedet, wenngleich sowohl der Federungskomfort als auch die Kurventauglichkeit des etwas unterdämpft und

taumelig agierenden Fahrwerks im direkten Vergleich mit dem VW und dem Ford abfällt. Der Isuzu D-Max ist noch echter Truck, mit etwas weniger geschliffenen Manieren.

Spezialgebiet von Isuzu war seit jeher der Motorenbau, da macht der neue D-Max keine Ausnahme. In Europa gibt es ihn ausschließlich mit einem 2,5-Liter-Commonrail-Diesel, der muntere 163 PS und 400 Newtonmeter Drehmoment freisetzt. Ein ausgesprochen angenehmes Aggregat, das schön druckvoll läuft und mit geringem Durst punkten kann – der Isuzu D-Max war in unserem Vergleich das sparsamste Auto. Wenn sich die Maschine künftig auch noch als ähnlich robust erweist wie die bisherigen Isuzu-Diesel, ist den Japanern in dieser Hinsicht ein großer Wurf gelungen.

Abzüge gibt es beim Isuzu D-Max für das Getriebe, das mit unpräziser Führung und ellenlangen Wegen nervt – hier ist man mit der ebenfalls verfügbaren Automatik erheblich besser bedient. Was der Ford Ranger an Cockpitspielereien zu viel auffährt, hat der D-Max zu wenig: etwas mehr Pep täte dem leicht trist wirkenden Innenraum gut. Die prinzipiell große Bewegungsfreiheit auf der Rücksitzbank wird durch die tiefe Sitzposition eingeschränkt, die zu stark angewinkelten Beinen führt.

Underdog aus Thailand: Kann sich der in Südostasien gefertigte Isuzu D-Max in seiner zweiten Generation gegen die geballte Power von Toyota, Ford oder VW im Test behaupten?

Was der Ford Ranger an Cockpitspielereien zuviel auffährt, hat der D-Max zu wenig...

Die zweite D-Max-Generation war nur mit 163 PS leistendem 2,5-Liter-Commonrail-Diesel erhältlich.

... etwas mehr Pep täte dem leicht trist wirkenden Innenraum gut.

Erfreulich: Viel Platz auf der Rückbank. Wenn nur diese tiefe Sitzposition nicht wäre.

Mit 1065 Kilogramm Zuladung übertrifft der D-Max den Ranger minimal.

Der Drehschalter für den Allrad-Antrieb ist angenehm ergonomisch gestaltet.

Auffällig im Vergleich zu den Mitbewerbern ist das etwas taumelige Fahrwerk. Der Isuzu D-Max ist noch echter Truck, mit etwas weniger geschliffenen Manieren als die Konkurrenz.

## Isuzu D-MAX 2.5 Double Cab

| | |
|---|---|
| *Motor* | 4-Zylinder Reihenmotor |
| *Hubraum* | 2.499 $cm^3$ |
| *Leistung* | 163 PS |
| *Drehmoment* | 280 Nm |
| *Getriebe* | 5G-Schaltgetriebe |
| *Länge/Breite/Höhe (mm)* | 4910 x 1800 x 1720 |
| *Ladefläche L/B/H (mm)* | 1120 x 1530 x 465 |
| *Testwert 0-100 km/h* | 12,8 s |
| *Testverbrauch* | 8,1 l D |
| $v_{max}$ | 170 km/h |
| *Leergewicht (kg)* | 1950 |
| *Zuladung (kg)* | 1065 |
| *Anhängelast (kg)* | 3000 |
| *Preis* | 18.000 – 23.000 Euro |

Auch heute noch ist der D-Max ein echter Geheimtipp für resolute Sparfüchse.

Im Gelände ist der Isuzu im Serientrimm unseres Testwagens schnell am Ende seines Lateins. Das liegt vor allem an seinem langen Hecküberhang und der schlechten Bauchfreiheit – in der Verschränkung zählt er im Pickup-Lager zu den Besten.

Seine Trumpfkarte zieht der Isuzu allerdings zum Schluss: die mit den Kosten. Sowohl im Grundpreis als auch bei den Optionen ist er der günstigste.

## Fazit

Der Isuzu D-Max ist der Geheimtip für Sparfüchse. Sein vergleichsweise niedriger Preis und die ordentliche Ausstattung sprechen für ihn. Der Motor ist ein echtes Arbeitstier, das ordentlich Druck macht und trotzdem sparsam bleibt. Allerdings hätten die Entwickler beim Getriebe etwas Überstunden schieben dürfen – das Gerühre in der unsensiblen Schaltbox gehört nicht ins 21. Jahrhundert. Das Fahrwerk des Isuzu D-Max ist etwas für gemütliche Cruiser.

# Der Altmeister Mitsubishi L200

***Im Vergleich mit den »Nesthäkchen« von Ford, VW und Isuzu ist der Mitsubishi L200 wahrlich ein alter Hase. Er kam 2006 in seiner bis heute gültigen, überaus runden Form auf den Markt.***

Auf eine noch längere Tradition kann sein Antrieb zurückblicken: der Dieselmotor aus der 4D56-Baureihe debütierte bereits in den 1980er-Jahren im Vorvorgänger des heutigen Modells, wurde allerdings stets mit neuer Einspritz-, Lader- und Steuertechnik modernisiert, um von ursprünglich 74 auf heute bis zu 178 PS zu erstarken.

## Mitsubishi L200 im Vergleichstest: Permanent!

Doch der Altmeister hat in Sachen Technik ein Feature zu bieten, das man bei der Konkurrenz vergebens sucht – und auch das aus Tradition: bereits beim Pajero führte Mitsubishi den »Super-Select«-Allrad ein, der dem Benutzer alle Freiheit lässt. So lässt sich zwischen reinem Heckantrieb, permanentem Allrad mit offenem oder gesperrten Zwischendifferential und der Geländeunterset-

zung wählen. Dies allerdings nur, wenn man die teure Intense-Ausstattung wählt, die günstigeren L200 fahren mit starr zuschaltbarem Allradantrieb.

Das in Ehren ergraute Fahrwerk des Mitsubishi L200 muss sich der Konkurrenz auf der Straße beugen. Scharfe Kurven oder rumpelige Wege nimmt man mit dem L200 besser ein wenig entspannter als mit den modernen Schnelltransportern wie Ranger oder Amarok. Speziell die kurzen, trockenen Stöße von der Hinterachse, die bei den moderneren Testgegnern schon stark in den Hintergrund gedrängt wurden, lässt der Mitsubishi noch deutlich spüren.

Der Mitsubishi L200 ist auch aufgrund seines Alters der kompakteste im Feld. Bei seinem letzten Facelift bekam er allerdings eine verlängerte Pritsche spendiert, um das Längenmanko auszugleichen. Im Verein mit dem kürzesten Radstand in diesem Vergleich sorgt das für einen spektakulär langen Hecküberhang, der jedoch durch die insgesamt hohe Montage leicht entschärft wird.

Der aufwendige Allradantrieb wird beim L200 von einer ziemlich langen Untersetzung begleitet. Dazu ist auch der erste Gang des Fünfgang-Getriebes (bis auf den Hilux haben alle anderen bereits sechs Gänge) eher drehzahlsenkend ausgelegt, was sich zu einem unterdurchschnittlichen Wert von 32:1 in der Untersetzung summiert.

Der Mitsubishi L200 fällt auch optisch aus der Reihe. Es gilt die Faustregel: Verlängerte Pritsche plus kurzer Radstand gleich spektakulär langer Hecküberhang.

Die Ausstattung und Cockpit-Gestaltung des Intense-Topmodells ist nach wie vor ansehnlich.

Für seine vergleichsweise schmale, kompakte Kabine bietet der Mitsubishi L200 viel Platz im Innenraum.

Einzig das Dreifach-Kombi-Rundinstrument ist etwas gewöhnungsbedürftig.

Auch auf der Rückbank sitzt es sich bequemer als bei der Konkurrenz.

Auf moderne Zutaten wie ein Navi oder gar ein Multimedia-System müssen L200-Käufer verzichten.

Der aufwendige Allradantrieb wird beim L200 von einer ziemlich langen Untersetzung begleitet.

Nicht zuletzt im Gelände wird das in Ehren ergraute Fahrwerk des Mitsubishi L200 spürbar ...

... speziell die kurzen, trockenen Stösse von der Hinterachse wecken nostalgische Gefühle.

Für seine vergleichsweise schmale, kompakte Kabine bietet der Mitsubishi L200 erstaunlich viel Platz im Innenraum, auch die Ausstattung und Cockpit-Gestaltung des Intense-Topmodells ist nach wie vor ansehnlich. Auf moderne Zutaten wie ein Festeinbau-Navi oder gar ein Multimedia-System müssen L200-Käufer verzichten, das gibt es selbst im Top-Modell nicht ab Werk, sondern nur als nachträglich installiertes Händler-Zubehör.

Die getestete vierte Generation des L200 wurde noch bis 2016 produziert, gute Gebrauchte sind zu moderaten Preisen zu haben.

## Fazit

Es ist durchaus bemerkenswert, wie Mitsubishi den L200 durch die Jahre gebracht und immer wieder auf den aktuellen Stand gebracht hat. Allmählich wäre es allerdings doch Zeit für einen Nachfolger, wie sich an Details wie dem Fahrwerk oder der verfügbaren Unterhaltungselektronik zeigt. Der prinzipiell geniale Super-Select-Allrad bedingt leider den Verzicht auf die 100-Prozent-Hinterachssperre, die gibt es nur bei den preiswerteren L200 mit Zuschalt-Allrad und 136 PS.

## Mitsubishi L200

| | |
|---|---|
| *Motor* | R4-Turbodiesel |
| *Hubraum* | 2.477 cm³ |
| *Leistung* | 178 PS |
| *Drehmoment* | 400 Nm |
| *Getriebe* | 5G Schaltgetriebe |
| *Länge/Breite/Höhe (mm)* | 5260 x 1815 x 1780 |
| *Ladefläche L/B/H (mm)* | 1505 x 1085-1470 x 500 |
| *Testwert 0-100 km/h* | 12,9 s |
| *Testverbrauch* | 9,6 l D |
| $v_{max}$ | 180 km/h |
| *Leergewicht (kg)* | 1.985 |
| *Zuladung (kg)* | 865 |
| *Anhängelast (kg)* | 2.700 |
| *Preis* | 17.000 – 22.000 Euro |

# Das dicke Ding
# Nissan Navara

**ALS ER AUF DEN MARKT KAM, WAR DAS ERSTAUNEN GROSS: KEIN PICKUP DAVOR HATTE SO DIE MACHO-KARTE GESPIELT UND EIN DERART BREITES, WUCHTIGES STATEMENT ABGELIEFERT. DEM OPTISCHEN VERSPRECHEN LIESS NISSAN AUCH NACH UND NACH TATEN FOLGEN, WAS DIE MOTORISIERUNG BETRIFFT.**

Der von Renault konstruierte V6-Diesel im Nissan Navara 3.0 markiert unter den Midsize-Pickups die Leistungsspitze, doch auch bei den Vierzylindern ist keiner kräftiger als der Navara, 190 PS entwickelt die 2,5-Liter-Maschine des Testwagens.

## NISSAN NAVARA: ER HÄNGT ALLE AB

Entsprechend hurtig geht der Nissan Navara zur Sache, hängt die anderen Testkandidaten sowohl bei der Beschleunigung als auch bei der Höchstgeschwindigkeit ab. Auch im Fahrgefühl beeindruckt die Leistungsentfaltung des Nissan-Motors noch deutlicher. Aus allen Drehzahlregionen drückt der Turbodiesel mit Gewalt nach vorne, kein anderer Pickup im Vergleich lässt sich so lässig-schaltfaul durch den Alltag bewegen.

Einschränkungen gibt es dagegen beim Platzangebot. Die harten, wenig Seitenhalt bietenden Vordersitze wären noch verkraftbar, die Verhältnisse auf der sehr tief montierten Rückbank jedoch nicht. Die Sitzlehne steht extrem steil und vermittelt die Bequemlichkeit einer Kirchenbank, das ist auf langen Urlaubsreisen kein Spaß für die hinten reisenden Passagiere.

Stattdessen empfiehlt sich der Navara für Transporteure: die zweithöchste Zuladung im Vergleich, dazu drei Tonnen Anhängelast – da geht was. Erkauft wird das Lastesel-Potential und das muntere Temperament des Nissan allerdings mit einer Extra-Ration Dieselöl: der Testverbrauch lag bei ihm am höchsten.

Der Innenraumgestaltung des Nissan Navara sieht man seine Verwandschaft zum noblen Pathfinder an: Design, Verarbeitung und Materialien wirken einen Tick höherwertiger als bei der japanischen Konkurrenz. Die Bedienbarkeit leidet ein wenig unter der Aufteilung der Knöpfe und Schalter auf diverse „Inseln", speziell die Audio- und Navi-Steuerung zeigt sich als raumgreifend.

## Sperre für alle

Im Geländebetrieb gibt es beim Nissan Navara Licht und Schatten zu vermelden. Großes Lob verdient die Möglichkeit, für jede Ausstattungsversion die (zudem recht preiswerte) Hinterachs-Sperre ordern zu können. Die Gesamtuntersetzung fällt passabel kurz aus, in Verbindung mit

Eine relativ hohe Zuladung und dazu drei Tonnen Anhängelast: Der stark motorisierte Navara ist nicht zuletzt ein Geheimtipp für Transporteure.

Der Innenraumgestaltung des Nissan Navara sieht man seine Verwandschaft zum noblen Pathfinder an.

Der von Renault konstruierte V6-Diesel markiert mit 190 PS die Leistungsspitze unter den Midsize-Pickups.

Design, Verarbeitung und Materialien wirken einen Tick höherwertiger als bei der Konkurrenz.

Die Rückbank überzeugt nicht: Die Sitzlehne steht extrem steil und so bequem wie eine Kirchenbank.

Die Bedienbarkeit leidet ein wenig unter der Aufteilung der Knöpfe und Schalter auf diverse »Inseln«.

Die Hinterachs-Sperre war ab Werk für jede Ausstattungsvariante erhältlich.

SEHR VIEL TIEFER SOLLTE ES NICHT WERDEN. NISSAN TRAUT DEM NAVARA ZUMINDEST OFFIZIELL KEINE TIEFEREN FURTEN ZU: DIE WATTIEFE LIEGT BEI LEDIGLICH 45 ZENTIMETERN.

dem antrittsstarken Motor ergibt das ein munteres Paket, um den Untergrund kräftig umzupflügen. Nur zu eng sollte es nicht zugehen, denn wendig ist der Navara ganz und gar nicht. Nissan traut dem Navara auch keine tiefen Furten zu: die Wattiefe liegt bei lediglich 45 Zentimetern.

Dem Fahrwerk des Nissan merkt man an, dass er inzwischen ein wenig in die Jahre gekommen ist. Der schunkelige Grundtenor wird von einer stoßigen Hinterachse begleitet, auf welliger Fahrbahn und bei tiefen Schlaglöchern im Gelände wird es relativ ungemütlich, wenn man kein Tempo rausnimmt.

## FAZIT

Der Motor des Nissan Navara hält, was die Optik verspricht: er zeigt richtig Muskeln. Im Antritt und im Durchzug lässt er alle anderen stehen. Dafür gibt es Defizite beim Fahrwerk und beim Handling. Störend wirkt besonders der Sitzraum auf der Rückbank, hier reisen die Passagiere im Navara allenfalls zweiter Klasse. Bemerkenswert ist die hohe Zuladung des Navara, auch die freigegebene Anhängelast macht ihn für Gewerbetreibende interessant.

VORTEIL NAVARA: KEIN ANDERER PICKUP IM VERGLEICH LÄSST SICH SO LÄSSIG-SCHALTFAUL DURCH DEN ALLTAG BEWEGEN.

## NISSAN NAVARA LE

| | |
|---|---|
| *Motor* | R4-Turbodiesel |
| *Hubraum* | 2.488 cm³ |
| *Leistung* | 190 PS |
| *Drehmoment* | 450 Nm |
| *Getriebe* | 6G Schaltgetriebe |
| *Länge/Breite/Höhe (mm)* | 5396 x 1848 x 1802 |
| *Ladefläche L/B/H (mm)* | 1511 x 1130-1560 x 457 |
| *Testwert 0-100 km/h* | 12,5 s |
| *Testverbrauch* | 10,2 l D |
| $v_{max}$ | 183 km/h |
| *Leergewicht (kg)* | 2.160 |
| *Zuladung (kg)* | 950 |
| *Anhängelast (kg)* | 3.000 |
| *Preis* | 18.000 – 24.000 Euro |

# Der Weltmeister
# Toyota Hilux

**DER TOYOTA HILUX GEHÖRT IN DIESEM VERGLEICH ZU DEN ALTGEDIENTEN, SEIT 2005 IST ER IN DIESEM PAKET AUF DEM MARKT, AUFGEFRISCHT MIT MEHREREN FACELIFT-MASSNAHMEN. NOCH EHRWÜRDIGER IST DER ANTRIEB: DER 1KD-FTV-TURBODIESEL STAMMT AUS DEM JAHR 2001 UND DARF IM GEGENSATZ ZU DEN MODERNEN DOWNSIZING-MASCHINEN SEINE LEISTUNG NOCH AUS HUBRAUM GENERIEREN.**

Mit dem Dreiliter-Vierzylinder liegt der Toyota Hilux im Vergleichstest leistungsmäßig ziemlich genau im Mittelfeld. Damit ist und bleibt der Hilux-Motor unaufgeregter ein Geländewagen-Antrieb alter Schule: hohe Drehzahlen sind ebenso sinn- wie erfolglos, am liebsten schnürt er mit maximal 2.500 Umdrehungen durch die Landschaft – und stellt dabei kaum Anforderungen an.

### DER TOYOTA HILUX WIRKT EXTREM ROBUST

Auch dem Hilux merkt man an, dass er schon ein paar Jahre auf dem Buckel hat. Trotz ein paar Modernisierungsmaßnahmen ist das Cockpit prinzipiell das gleiche wie bereits 2005, bei der Materialauswahl steht nach wie vor der Nutzwert im Vordergrund, nicht die Atmosphäre.

Vor allem merkt man es allerdings beim Fahren, welchen Vorsprung modernere Konkurrenten

wie der Ford Ranger auf diesem Gebiet inzwischen haben. Das an der Vorderachse unterdämpfte Fahrwerk mit zu schwachen Federn lässt den Toyota leicht taumelig durch Kurven segeln, hurtige Gangart ist so gar nicht seins.

Die Käufer versöhnt dafür der Nimbus der Unzerstörbarkeit, den sich der Toyota Hilux als weltweit meistverkaufter Midsize-Pickup erarbeitet hat. So fühlt er sich auch im Gelände an: unaufgeregt, stabil und klapperfrei. Der große Hubraum mit dem strammen Durchzug aus dem Keller hilft bei vorausschauender und dennoch kraftvoller Fahrweise. Damit lässt es sich trotz der nicht ultrakurzen Geländeübersetzung trialmäßig durchs Gelände kriechen. Der verbaute Schwellerschutz am Testwagen limitierte die Bauchfreiheit nicht ganz so arg wie manch andere Trittbrett-Konstruktion, die freigegebene Wattiefe ist Toyota-typisch sehr erwachsen: 700 Millimeter.

Typisch Toyota ist allerdings auch die Begrenzung von Ausstattungsdetails auf komplette Ausstattungslinien. So gibt es beim Dreiliter-Diesel nur in der Basisversion eine Hinterachssperre (die allerdings ohne Aufpreis). Wer dagegen auf der Straße gerne mit ESP unterwegs wäre, muss die Topversion Executive nehmen, die auch eine bessere Bremsanlage als die günstigeren Modelle aufweist.

Grosser Hubraum und strammer Durchzug: Damit lässt es sich trotz der nicht ultrakurzen Geländeübersetzung trialmässig durchs Gelände kriechen.

Trotz ein paar Modernisierungsmassnahmen ist das Cockpit prinzipiell das gleiche wie bereits 2005

Ehrwürdiger Antrieb: Der 1KD-FTV-Turbodiesel des Testwagens stammt noch aus dem Jahr 2001.

Die Ingenieure leisteten sich nur wenige dezente Spielereien.

Bei der Materialauswahl steht nach wie vor der Nutzwert im Vordergrund, nicht die Atmosphäre.

Auch das zentrale Bedienfeld mit Navigationsgerät wirkt etwas unmotiviert im Raum platziert.

Auch der Hilux hält für die Fahrgäste auf der Rückbank kein allzu üppiges Raumangebot parat.

Die Ausstattungsdetails sind in bekannter Toyota-Manier auf komplette Ausstattungslinien begrenzt. So gibt es beim Dreiliter-Diesel nur in der Basisversion eine Hinterachssperre.

## Toyota Hilux 4x4 2.5 D-4D

| | |
|---|---|
| *Motor* | 4-Zylinder Reihenmotor |
| *Hubraum* | 2.494 cm³ |
| *Leistung* | 144 PS |
| *Drehmoment* | 343 Nm |
| *Getriebe* | 5G-Schaltgetriebe |
| *Länge/Breite/Höhe (mm)* | 5260 x 1760 x 1850 |
| *Ladefläche L/B/H (mm)* | k.A. |
| *Testwert 0-100 km/h* | 13,3 s |
| *Testverbrauch* | 7,3 l D |
| $v_{max}$ | 170 km/h |
| *Leergewicht (kg)* | 1970 |
| *Zuladung (kg)* | 650 |
| *Anhängelast (kg)* | 2.500 |
| *Preis* | 18.000 – 24.000 Euro |

Die freigegebene Wattiefe ist Toyota-typisch sehr erwachsen: 700 Millimeter.

### Fazit

Afrika, Asien, Australien – wohin man kommt, ein Hilux ist garantiert schon da. Toyotas legendärer Pickup hat sich im Laufe der Jahrzehnte seinen Ruf als robustes und zuverlässiges Multitool hart erarbeitet. Der Dreiliter-Diesel setzt noch klassisch auf Hubraum, entsprechend relaxt lässt sich der Hilux bewegen. Mehr Individualität würde ihm allerdings gut stehen, die Zwangsbindung einzelner wichtiger Extras an komplette Ausstattungslinien ist ärgerlich.

# Der Deutsche im Vergleichstest
# VW Amarok

**AUF DEM PROPAGIERTEN WEG ZUM GRÖSSTEN AUTOKONZERN DER WELT NIMMT VW JEDE NISCHE MIT. UND SO WAR ES VOR ALLEM DER SÜDAMERIKANISCHE MARKT, DER ZUR ENTSCHEIDUNG FÜHRTE, DEN AMAROK ZU BAUEN.**

Sehr genau hat man seinerzeit die Konkurrenzprodukte studiert und gab die Marschrichtung aus, alles noch ein bisschen stabiler zu bauen. Im Ergebnis ist der Amarok vom grundsätzlichen Aufbau ein erzkonservativ konstruierter Pickup geworden, bei dem natürlich die deutsche Blickweise im Automobilbau nicht zu kurz kam.

### VW AMAROK: DER MODERNSTE

Das bedeutet strenge Formen, enge Fugen und vor allem hochmoderne Motortechnik – mit dem zwei Liter großen Vierzylinder hat VW das Thema Downsizing in das Pickup-Lager gebracht. In der Biturbo-Variante des Testwagens stehen immerhin 180 PS und 400 Newtonmeter Drehmoment bereit.

Das solide und sichere Fahrverhalten des VW Amarok wird im Vergleich nur vom Ford Ranger erreicht. Beide spielen in diesem Hinblick in einer eigenen Liga, das gilt auch für die Bremsen. Der

Amarok macht eigentlich alles mit – von der geruhsamen Ausflugsfahrt bis zum engagierten Kurvenwedeln. Hier zahlt sich aus, dass VW zwei verschiedene Fahrwerke für normalen oder Schwerlast-Einsatz zur Auswahl stellt und deshalb keine Kompromisse eingehen muss. Zudem bietet der Amarok den meisten Platz und die besten Sitze, ist ein vollwertiges Familienauto.

Den kleinsten Motor im Vergleich bekommt man beim Anfahren zu spüren. Der VW Amarok lässt sich leichter abwürgen, benötigt einfach etwas mehr Kupplungs- und Gas-Einsatz beim Start. Insbesondere im Gelände fällt das durchaus ins Gewicht, weshalb man deutlich früher als mit anderen Fahrzeugen auf die Untersetzung angewiesen ist.

Mit der für alle Modelle lieferbaren Hinterachssperre, der recht passablen Boden- und Bauchfreiheit sowie der ausgesprochen kurzen Gesamtübersetzung im Geländebetrieb kam der Amarok im Vergleich dennoch am weitesten – obwohl er nur durchschnittlich verschränkte.

Die imposante Erscheinung des Amarok ist allerdings auch ein Handicap: mit 1,94 Meter Breite ist er das dickste Ding im Feld, was speziell beim Einsatz im Forst oder auch in den engen Gassen südeuropäischer Dörfer recht kurzweilig werden kann.

In Sachen Fahrverhalten erscheint der VW Amarok dem Ford Ranger ebenbürtig. Ab Werk standen in der ersten Generation des VW-Pickups zwei verschiedene Fahrwerke für normalen oder Schwerlast-Einsatz zur Auswahl.

Jede Menge Kunststoff im Basismodell. Unser Testwagen war zusätzlich mit Freisprecheinrichtung …

… Navi, Klima und Comfort-Paket (Zentralverriegelung, Fensterheber, elektrische Aussenspiegel) ausgerüstet.

Das RNS 315-Navigationssystem war gegen einen Aufpreis auch beim Basismodell verfügbar. In unserem Highline-Testfahrzeug war es serienmässig dabei.

Mit dem zwei Liter grossen Vierzylinder hat VW das Thema Downsizing in das Pickup-Lager gebracht.

Der Amarok bietet in seiner Klasse den meisten Platz und die besten Sitze – ein vollwertiges Familienauto.

Hier lassen sich das ESP abschalten, die optionale Hinterachssperre aktivieren und das Offroad-Programm (Bergabfahrhilfe etc.) zuschalten.

Mit der für alle Modelle lieferbaren Hinterachssperre, der recht passablen Boden- und Bauchfreiheit sowie der ausgesprochen kurzen Gesamtübersetzung kam der Amarok im Gelände dennoch am weitesten.

Nicht immer handlich: Mit 1,94 Meter Breite ist der Amarok der raumgreifendste Pickup im Feld.

Die Heckklappe lässt sich mit einem einfachen Handgriff aushängen und komplett nach unten klappen.

## Fazit

In der absoluten Leistung genügt der Zweiliter-Motor im Amarok völlig, beim Anfahren oder Durchbeschleunigen aus tiefsten Drehzahlen wünscht man sich dann allerdings doch mehr Mumm – oder ein Automatikgetriebe für den Amarok mit Untersetzung. Der VW ist kein billiges Vergnügen, wer ihn auf dem Niveau der Wettbewerber einkleidet, zahlt etliche Tausender mehr. Er bietet allerdings auch einen extrem stattlichen Auftritt und sehr gute Verarbeitung. Auch heute noch führen gute Gebrauchte die Preisstatistik unseres Vergleichtests an.

## VW Amarok Highline

| | |
|---|---|
| *Motor* | R4-Turbodiesel |
| *Hubraum* | 1.968 $cm^3$ |
| *Leistung* | 180 PS |
| *Drehmoment* | 400 Nm |
| *Getriebe* | 6G Schaltgetriebe |
| *Länge/Breite/Höhe (mm)* | 5254 x 1954 x 1834 |
| *Ladefläche L/B/H (mm)* | 1555 x 1222-1620 x 508 |
| *Testwert 0-100 km/h* | 12,3 s |
| *Testverbrauch* | 9,6 l D |
| $v_{max}$ | 182 km/h |
| *Leergewicht (kg)* | 2.108 |
| *Zuladung (kg)* | 712 |
| *Anhängelast (kg)* | 3.000 |
| *Preis* | 20.000 – 28.000 Euro |

# Nachwort

Was macht einen guten Geländewagen aus? Hierauf eine Antwort zu finden, ist gar nicht einmal so einfach. Denn die Ansprüche an einen verlässlichen Offroad-Begleiter sind so unterschiedlich, wie das Angebot einmal war. Wer vorrangig im Forst unterwegs ist, setzt andere Prioritäten als jemand, der mit seinem Geländewagen auf eine Fernreise starten möchte.

Aus diesem Grund wurde der 4Wheel Fun Supertest geboren. Bis dahin basierten Geländewagen-Tests der Fachmedien auf mehr oder minder subjektiven Beurteilungen, die sich auf kurze Ausflüge in eine nahegelegene Kiesgrube oder ähnliches erschöpften. Mit dem Supertest wurde dagegen erstmals ein nachvollziehbares und praxistaugliches Testschema entwickelt und mit dem Versuchsgelände Horstwalde eine ideale Location gefunden. Auf 1.200 Hektar Fläche ist das Versuchsgelände im Süden Berlins schon vor über hundert Jahren vom Militär für Fahrzeugerprobungen genutzt worden, fest installierte Prüfmodule wie die spektakulären Steigungsbahnen oder eine Wasserdurchfahrt mit variabler Höhe ermöglichen vergleichbare und exakte Messergebnisse. Vor allem sind die einzelnen Testmodule selektiv, ein Durchkommen ist nicht garantiert. Wenn ein Auto alle acht Einzelprüfungen besteht,

ist das bereits der Ausweis für überdurchschnittliche Geländetauglichkeit, ganz unabhängig vom Einzelergebnis.
Dabei gaben sich anfangs auch manche SUV redliche Mühe, schließlich wurden Modelle wie die Mercedes M-Klasse zum Beginn ihrer Laufbahn mit Offroadtechnik wie Untersetzungsgetriebe oder Differentialsperren ausgeliefert. Vorbei, vergessen.
Die in diesem Buch besprochenen und aufs Härteste getesteten Offroader machen auch deutlich, warum moderne SUV in den allermeisten Fällen nichts im Gelände verloren haben. Ausgeklügelte Antriebstechnik und superschlaue Assistenzsysteme helfen beispielsweise nichts, wenn unter dem Auto die Luft ausgeht. Dafür muss man nicht auf Expeditionsreise gehen, es reicht schon ein tief verschneiter Waldweg. Was zu einem gängigen Geländewagen-Bonmot führte: Bodenfreiheit statt Spoiler!
Bei den Autos in diesem Buch können Sie sicher sein, dass sie auch im schweren Gelände eine gute Figur machen. Dabei hat jeder Offroader seine spezifischen Stärken und Schwächen – während der eine ein famoser Kraxler für felsigen Untergrund ist, liefert der andere eine perfekte Performance im tiefen Wüstensand. Spaß machen sie jedenfalls alle.

# DAS MAGAZIN FÜR ECHTE OFFROADER

3-2024 APRIL/MAI

Deutschland: € 7,50 Österreich: € 8,70 Schweiz: CHF 10,70 Luxemburg: € 8,90 Italien: € 9,50

4x4 action

DAS MAGAZIN FÜR ECHTE OFFROADER

VERGLEICH UMLENK-ROLLEN GETESTET BIS ZUM BRUCH

CABRIO AUF DEFENDER-BASIS

TRAUM-LANDY

BESSER ALS NEU
Ford Bronco von Velocity Modern Classics

BESSER ALS WRANGLER
Extremumbau auf Basis des Jeep Cherokee

BESSER ALS GEDACHT
2.000-Kilometer-Test im Ineos Grenadier

ZUM NACHMACHEN
So wird ein Dachzelt wieder frisch und sauber

ZUM CAMPER GEADELT
Neuer VW Amarok mit großem Offroad-Reisepaket

4x4 travel

DAS MAGAZIN FÜR OFFROAD-REISEN

TOP-REISEZIELE
ANGOLA MEXIKO ALBANIEN

GEYSIRE, GLETSCHER UND VULKANE

ISLAND

DIE BESTEN ZIELE FÜR SOMMER UND WINTER

MASSARBEIT MEISTERSTÜCK MEGATRUCK

GUTES NETZ GUTER SCHUTZ GUTER SCHLAF

4x4 action

MONSTER

4x4 action

DAS MAGAZIN FÜR ECHTE OFFROADER

4x4 action

DAS MAGAZIN FÜR ECHTE OFFROADER

GEHEIMER TEST

**Direktbestellung**

Aktuelle und ältere Einzelhefte,
Abonnements mit attraktiven Prämien:

**www.wieland-verlag.com**

Wieland Verlag GmbH
Rosenheimer Str. 22
83043 Bad Aibling

# WEITERE INTERESSANTE BÜCHER ZUM THEMA

Dieses Buch wendet sich an alle Oldtimer- und Youngtimer- Fahrer, die endlich die wichtigsten Arbeiten an Ihren Autos selbst erledigen möchten. Zunächst wird das Grundlagenwissen vermittelt, anschließend folgen die besten Praxis-Tipps für Einsteiger und Bordsteinschrauber.
208 Seiten, 358 Abbildungen, Forma 170 x 240 mm
ISBN 978-3-613-04600-9
**€ 29,90 / € (A) 30,80**

Alf Cremers gibt Tipps zum Kauf und der Erhaltung robuster, reparaturfreundlicher Youngtimer mit langer Lebensdauer. Echte Ressourcenschonung und Nachhaltigkeit stehen dabei im Vordergrund, ohne den Spaß am Autofahren und die Funktionalität im Alltag aus den Augen zu verlieren.
240 Seiten, 386 Abbildungen, Forma 170 x 240 mm
ISBN 978-3-613-04541-5
**€ 29,90 / € (A) 30,80**

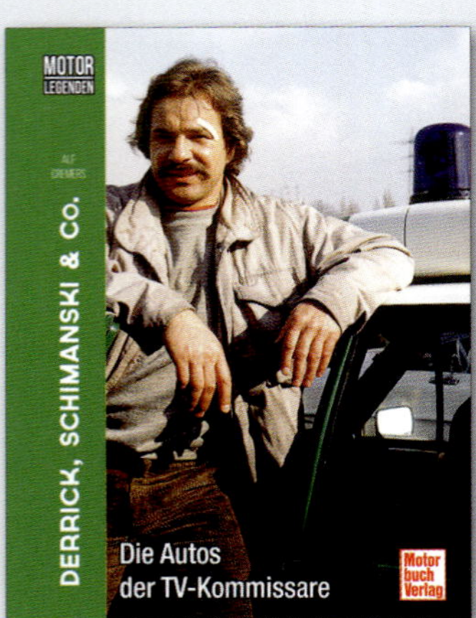


Dieser Band aus der Reihe der Motorlegenden beleuchtet die automobilen Gefährten aus TV-Serien wie »Tatort«, »Derrick«, »Großstadtrevier« oder »Ein Fall für Zwei«. Das kurzweilig geschriebene Buch glänzt zudem mit Hintergrund-Informationen zu den Serien, den Schauspielern und ihren Autos.
224 Seiten, 150 Abbildungen, Forma 170 x 225 mm
ISBN 978-3-613-04538-5
**€ 29,90 / € (A) 30,80**

»Das große 1x1 des 4x4« ist das erste Buch, das eine umfassende Erklärung der Begriffe aus Offroad- und 4x4-Welt gibt. Die Begriffe sind thematisch sortiert, ein alphabetisches Stichwortregister am Ende des Buchs erleichtert die Suche nach einzelnen Begriffen.
232 Seiten, 320 Abbildungen, Forma 170 x 240 mm
ISBN 978-3-613-50935-1
**€ 32,00 / € (A) 32,90**

Leseproben zu allen Titeln auf unserer Internetseite